Mukesh Kumar

Negócios de exportação e importação no sector das sementes

Mukesh Kumar

Negócios de exportação e importação no sector das sementes

Imprint

Any brand names and product names mentioned in this book are subject to trademark, brand or patent protection and are trademarks or registered trademarks of their respective holders. The use of brand names, product names, common names, trade names, product descriptions etc. even without a particular marking in this work is in no way to be construed to mean that such names may be regarded as unrestricted in respect of trademark and brand protection legislation and could thus be used by anyone.

Cover image: www.ingimage.com

This book is a translation from the original published under ISBN 978-3-659-91236-8.

Publisher:
Sciencia Scripts
is a trademark of
Dodo Books Indian Ocean Ltd. and OmniScriptum S.R.L publishing group

120 High Road, East Finchley, London, N2 9ED, United Kingdom
Str. Armeneasca 28/1, office 1, Chisinau MD-2012, Republic of Moldova, Europe
Managing Directors: Ieva Konstantinova, Victoria Ursu
info@omniscriptum.com

Printed at: see last page
ISBN: 978-620-8-50106-8

Prefácio

O presente livro é uma tentativa de compreender a situação do sector das sementes e as oportunidades de negócio existentes na Índia, as medidas regulamentares para as licenças de exportação e importação, o desalfandegamento de remessas e o papel das instituições nacionais e internacionais no comércio de sementes. Atualmente, a nossa quota de sementes no comércio internacional de sementes é inferior a um por cento, apesar das muitas oportunidades, conforme descrito aqui. No negócio de exportação e importação de sementes, é essencial um conhecimento abrangente sobre os procedimentos legais e a documentação para estabelecer empresas de sementes, obter uma licença de exportação e importação da DGFT, uma autorização do DAC, certificação fitossanitária e desalfandegamento. Este livro explica tudo isto de forma exaustiva. Ao planear o início do negócio de sementes, devemos ter uma compreensão das várias formas de organização de uma empresa. O procedimento para a constituição de uma organização produtora de sementes e de uma sociedade anónima ao abrigo da Lei das Sociedades Indianas, 1956, também foi considerado como fazendo parte deste livro. Aqui, também abordamos as organizações que estão direta ou indiretamente envolvidas no comércio de sementes. Atualmente, não existem livros disponíveis que abordem o planeamento de empresas de sementes e a sua importação e exportação. Para além de estudantes e professores, estamos confiantes de que a informação aqui apresentada será útil para comerciantes de sementes, jovens empresários, especialistas em produção de sementes, responsáveis pela certificação de sementes, professores e decisores políticos.

Mukesh Kumar

CONTEÚDO

Capítulo 1

SECTOR DAS SEMENTES NA ÍNDIA

O empreendedorismo de sementes é uma atividade de criação de uma nova empresa de sementes que assume riscos financeiros na esperança de obter lucros. Por outras palavras, podemos defini-lo como o ato de criar uma empresa ao mesmo tempo que se constrói e aumenta as capacidades de produção, transformação, comercialização e distribuição para gerar lucro.

O produto comercial aqui é a semente, que é um portador de novas tecnologias para melhorar a produção e a produtividade agrícola. Neste caso, esta nova tecnologia é definida como qualquer inovação em sementes ou material de plantação que ajude o agricultor a encontrar uma boa relação qualidade/preço. Esta inovação será utilizada para criar uma atividade comercial.

O negócio de sementes é muito vibrante e dinâmico por natureza. É diferente de outras actividades empresariais em muitos aspectos, que são mencionados a seguir;

a) As sementes não são um produto manufaturado

b) É produzido em condições ambientais abertas

c) A manutenção da qualidade é difícil

d) A produção é um processo muito moroso

e) Entrega numa zona remota/rural tranquila

f) Maioritariamente clientes pobres e analfabetos

g) Cliente com pouca capacidade de assumir riscos

h) Risco de manuseamento das sementes

Devido a estes factores, a manutenção da qualidade do produto durante a produção, o transporte e a distribuição é muito difícil e arriscada. Apesar disso, existem várias caraterísticas no sector das sementes indiano que atraem novos empresários para este sector. Estas caraterísticas são, de facto, a força motriz do crescimento da indústria indiana de sementes, tais como a disponibilidade de vastas terras aráveis, a baixa taxa de substituição das sementes, a diversidade das regiões agro-climáticas, o potencial de exportação, a política governamental de apoio, etc. Este facto proporciona um ambiente favorável a um novo empresário do sector das sementes.

A Índia tem uma base sólida de indústria de sementes. O crescimento da indústria de sementes depende, em última análise, da frequência com que os agricultores substituem as suas sementes. Disponibilizar sementes de qualidade a um preço razoável é o maior desafio que se coloca ao sector das sementes.

Atualmente, a indústria indiana de sementes é o quinto maior mercado de sementes do mundo, representando 6,0% do mercado mundial de sementes. Para ter êxito no sector das sementes, a qualidade das sementes é muito importante. A qualidade das sementes constitui uma medida de excelência em termos de valor de plantação e de desempenho no terreno, em termos de produção e produtividade, para além de outras caraterísticas específicas das culturas.

Antes de conhecer os pormenores do tipo de oportunidades disponíveis no sector das sementes, é necessário analisar a situação deste sector em termos de dimensão do mercado em termos de valor e volume, segmentos de culturas, região de produção de sementes, intervenientes no negócio das sementes, infra-estruturas necessárias, etc

A promoção do empreendedorismo no sector das sementes é importante principalmente por duas razões. Em primeiro lugar, aumenta a capacidade do sector formal das sementes. Em segundo lugar, contribui para o aumento dos meios de subsistência dos produtores de sementes. Os produtores locais, quando incentivados e apoiados, podem iniciar um negócio de sementes para satisfazer as necessidades de sementes não satisfeitas da localidade. Esta iniciativa será ainda mais gratificante quando os jovens rurais forem incentivados e apoiados a iniciar tais negócios de sementes. Assim, os jovens ou agricultores interessados podem ser apoiados para se tornarem empresários do sector das sementes. Ao mesmo tempo, deve ter-se em mente que nem todos os jovens ou agricultores devem ser visados para o desenvolvimento do empreendedorismo de sementes, mas sim, alguns de uma localidade com forte interesse no negócio de sementes podem ser cuidadosamente selecionados e assistidos com todo o apoio possível para a produção de sementes

Uma empresa de sementes bem estabelecida inclui uma unidade de I&D que é responsável pelo desenvolvimento de novas variedades com um determinado valor de traço único. As sementes destas variedades podem ser multiplicadas na sua própria exploração agrícola ou em explorações agrícolas alugadas. Após a colheita das culturas, a limpeza, a classificação, o tratamento e a embalagem das sementes são efectuados na fábrica de transformação de sementes para posterior entrega aos agricultores através das suas redes de comercialização. Durante todo o processo, a garantia de qualidade é um componente importante que assegura a qualidade das sementes durante toda a produção até a entrega final aos agricultores. O nome da unidade numa empresa de sementes é mencionado a seguir;

a. Unidade de investigação e desenvolvimento
b. Quinta de produção de sementes
c. Unidade de processamento de sementes
d. Armazenamento em trânsito
e. Sistema de entrega
f. Sistema de garantia de qualidade

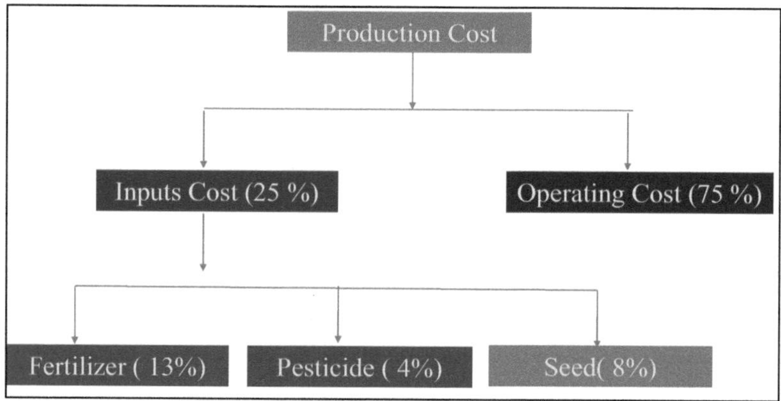

Toda a produção agrícola requer três factores de produção fundamentais: sementes, fertilizantes e pesticidas. Entre estes, as sementes são um fator de produção básico e vital, do qual depende a eficácia dos outros factores de produção. Os estudos efectuados indicam que as sementes de qualidade podem, por si só, contribuir para cerca de 15-20% da produção total, dependendo da cultura, e que essa percentagem pode aumentar até 45% com uma gestão eficiente dos outros factores de produção. É um facto que o aumento da disponibilidade de sementes de qualidade tem uma enorme influência na produção de cereais alimentares (Chauhan et al. 2013). De acordo com o relatório Phillips capital (2019), as sementes representam c.33% do total de insumos agrícolas e custam apenas 8% do custo total de produção. Isto reflecte a dimensão do mercado de agro-inputs.

(Relatório: Phillips Capital on Agri-Inputs, 2019)

Objetivo

a. Melhorar o acesso dos agricultores a sementes de boa qualidade

b. Criar oportunidades de negócio ou mais emprego e também aumentar o nível de rendimento das partes interessadas

c. Aumentar a adoção das variedades mais adaptadas através do desenvolvimento de novas variedades.

Situação da indústria indiana de sementes

A indústria das sementes na Índia é uma mistura de grandes, médias e pequenas empresas de sementes dos sectores público e privado. Enquanto algumas grandes empresas têm competências em todas as funções do sector, tais como I&D, produção, transformação, comercialização e distribuição, as pequenas empresas especializam-se numa ou mais funções. É de notar que o sector indiano das sementes se desenvolveu com base nos sólidos alicerces estabelecidos pelas instituições de investigação do sector público nos anos 60 e 70, desde a era da revolução verde.

Atualmente, está a passar por uma ampla transformação, que inclui o aumento do papel das empresas privadas de sementes, a entrada de multinacionais, joint ventures de empresas indianas com empresas multinacionais de sementes e consolidações. O sector evoluiu para uma indústria multifacetada, com uma grande participação de empresas privadas e uma ênfase crescente na investigação e desenvolvimento. A nossa indústria de sementes tem vindo a crescer a uma taxa de crescimento anual (CAGR) de 12%, em comparação com um crescimento global de 6-7%. Em termos de valor, o maior crescimento deveu-se ao aumento da adoção de híbridos de algodão Bt, de híbridos de milho de cruzamento único, de produtos hortícolas híbridos e de arroz híbrido.

As empresas privadas de sementes surgiram lentamente durante os anos 60 e 70, tendo algumas delas beneficiado da assistência técnica do NCS. Muitas destas empresas desenvolveram os seus próprios programas de melhoramento e lançaram cultivares melhoradas consanguíneas. As empresas fixam os seus próprios preços para as suas variedades híbridas de culturas como o milho-miúdo, o girassol, o algodão, o sorgo e o milho. Estes híbridos privados representam uma parte importante do mercado destas culturas.

A produção de sementes híbridas é, em grande medida, uma prerrogativa do sector privado. De todas as cultivares melhoradas produzidas e comercializadas por empresas privadas até 1993, cerca de 70% eram híbridas. Uma vez que as sementes híbridas não podem ser multiplicadas nos campos dos agricultores, têm de ser compradas à empresa de cada vez que são cultivadas. Esta elevada taxa de substituição das sementes garante às empresas boas vendas. Para além dos híbridos, o sector privado está também muito envolvido na comercialização de culturas de baixo volume e alto valor, como as sementes de hortícolas. Com cerca de 600 empresas de várias dimensões, 24 das quais ligadas a multinacionais, o sector privado contribui atualmente com um pouco menos de 60% das necessidades de sementes comerciais do país. Nos últimos anos, em parte como consequência da redução das barreiras à entrada de empresas estrangeiras e de grandes conglomerados indianos no sector das sementes desde 1986, muitas empresas comuns entre empresas estrangeiras e indianas entraram no mercado das sementes. A investigação do sector privado está também em rápida expansão. A expansão do sector das sementes ocorreu em paralelo com o crescimento da produtividade agrícola. Atualmente, o sector das sementes desempenha também um papel importante no aumento do emprego.

A dimensão do mercado mundial da indústria de sementes, de acordo com o relatório da OCDE de 2018, 1 está estimada em 45 mil milhões de dólares em 2012 e atualmente em 52 mil milhões de dólares. O mercado está a crescer a um CAGR de 5%. A Índia ocupava a sexta posição de acordo com as estatísticas em 2012, mas atualmente ocupa a quinta posição.

Quadro: Dimensão do mercado das sementes (em mil milhões de dólares)

S.N	País	2012-13	% Partilhar	2019-20	% Partilhar
1	EUA	12	27	13	25
2	China	10	22	11	21
3	França	2.8	6	3.5	7
4	Brasil	2.6	6	3.2	6
5	Canadá	2.1	5	2.8	5
6	Índia	2	4	3.1	6
7	Japão	1.4	3	1.7	3
8	Alemanha	1.2	3	1.4	3
9	Argentina	1	2	1.1	2
10	Itália	0.8	2	1	2
11	Turquia	0.8	2	0.8	2
12	Espanha	0.7	2	0.85	2

13	Países Baixos	0.6	1	0.6	1
14	Rússia	0.5	1	0.6	1
15	REINO UNIDO	0.4	1	0.5	1
16	África do Sul	0.4	1	0.5	1
17	Austrália	0.4	1%	0.5	1
18	Coreia do Sul	0.4	1%	0.5	1
19	México	0.4	1	0.5	1
20	República Checa	0.3	1	0.4	1
21	RdM	4.4	10	4.8	9
	Total	**45.2**	**100**	**52.25**	**100**

(Fonte: Relatório da OCDE, 2020)

Embora a Índia seja a quinta maior indústria de sementes a nível mundial, tem uma quota minúscula no comércio mundial de sementes. As exportações totais de sementes a nível mundial estão avaliadas em 13,8 mil milhões de USD de sementes de culturas arvenses, arbóreas, de batata, de flores e de produtos hortícolas, de acordo com os dados de 2018 da ISF. Os Países Baixos lideram as exportações mundiais de sementes com cerca de 2,88 mil milhões de USD, seguidos da França com 1,97 mil milhões de USD e dos EUA com 1,93 mil milhões de USD. A Índia exporta sementes no valor de 137 milhões de dólares por ano, o que representa aproximadamente menos de 1% do total das exportações mundiais.

A Índia também importa 137 milhões de dólares de sementes, especialmente vegetais de estação fria, gramíneas forrageiras, etc., da Europa e de outros países, de acordo com dados do ISF de 2018. Os dados globais de importações de 2018 também mostram que, das importações de 13 bilhões de dólares, a Holanda é o principal importador com importações de sementes de 1,1 bilhão de dólares, seguido pelos EUA (1,09 bilhão de dólares), França (828 milhões de dólares), Alemanha (751 milhões de dólares), Espanha (631 milhões de dólares), Itália (582 milhões de dólares), México (508 dólares), Rússia (451 milhões de dólares), China (374 milhões de dólares) e Japão (278 milhões de dólares).

As sementes de produtos hortícolas constituem um segmento importante do mercado total de sementes. Atualmente, a indústria de sementes de produtos hortícolas está estimada em cerca de 350 milhões de dólares em 2014. Prevê-se que cresça a uma taxa de crescimento média acumulada de 14,6 %. A procura de sementes de produtos hortícolas é constante em vários países estrangeiros. A Índia é o nono maior exportador de sementes de frutas e produtos hortícolas do mundo, o que lhe permite obter boas reservas de divisas. As sementes de produtos hortícolas consistem em sementes de produtos hortícolas como a couve-flor, o tomate, a couve-galega, os espinafres, a alface, a melancia, a cebola, o pimento, a melancia, a cenoura e outros.

Os produtos hortícolas, como o pepino e o cornichão, a couve e a couve-flor, o tomate, os diferentes tipos de cabaças, o dedo-de-moça, a melancia e outros melões, etc., constituem uma parte significativa do mercado indiano de sementes de produtos hortícolas. A procura de sementes de produtos hortícolas por parte da Índia é vasta e crescente em alguns países estrangeiros. A Índia é o nono maior exportador de sementes de frutas e produtos hortícolas do mundo, o que constitui uma importante fonte de divisas para o país. Alguns dos principais países para os quais a Índia exporta sementes em quantidades consideráveis são o Paquistão, o Bangladesh, a Arábia Saudita, os Países Baixos e a República da Coreia. Atualmente, as exportações de sementes de frutas e produtos hortícolas representam cerca de 4% do total das exportações de produtos hortícolas da Índia. Estima-se que as exportações de sementes agrícolas da Índia tenham atingido 1 000 milhões de rúpias. A exportação de sementes recebeu um grande impulso quando 38 variedades da Índia foram registadas na Organização para a Cooperação e o Desenvolvimento Económico (OCDE).

1.1.Percentagem dos sectores público e privado no negócio das sementes

A quota do setor público na produção de sementes no país diminuiu de 42,72% em 2017-18 para 35,54% em 2020-21, enquanto a quota do setor privado cresceu de 57,28% para 64,46% durante o mesmo período, destacando o papel crescente das empresas privadas no setor de sementes da Índia.O 25.º relatório do Comité Permanente da Agricultura sobre os pedidos de subvenções (2021-22) apresentado ao Lok Sabha em março deste ano citou o Departamento da Agricultura, Cooperação e Bem-Estar dos Agricultores, afirmando que cerca de 540 empresas privadas de sementes, incluindo as de origem indiana e as multinacionais, operam no país. Destas, cerca de 80 empresas têm os seus próprios programas de investigação e desenvolvimento . As restantes produzem e comercializam as sementes das variedades do sector público e não estão envolvidas na produção de sementes de reprodução.

Com base nas actividades dos principais intervenientes no sector indiano das sementes, este foi classificado nas categorias seguintes, em função das suas receitas;

S.N	Receitas (milhões de euros)	Principais intervenientes
1	Mais de Rs500 cr	**MNCs:** Corteva, Bayer, Syngenta **Nacionais:** NSC, NSL, Advanta, Rasi, Kaveri
2	Rs 200-Rs 500 cr	**MNCs:** BASF, Limagrain, East-West, CP **Doméstico:** Sementeiras, Ganga, Kaveri, Mahyco, Ajeet, VNR seeds, Mahabeej, Tata-Rallis, etc.
3	Menos de Rs 200 cr	**MNCs-** Sakata, Tokita, KnownYou, Nongwoo, Doméstico- Hytech sementes, Ascen-Hyveg, Namdhari, Tulasi, sementes Veda, sementes JK, sementes Nath, sementes Krishidhan, sementes Pan, Pallishree, sementes Kalash, sementes Doctor, sementes GreenGold, etc.

(Fonte: NSAI,2020)

1.2.Dimensão do mercado das sementes comerciais na Índia

O comércio de sementes é regulado pela Lei das Sementes da Índia, de 1966, que regula a qualidade das sementes vendidas aos agricultores. Existem duas categorias de sementes comerciais vendidas aos agricultores: as sementes certificadas e as sementes com rótulos verdadeiros. A Ordem de Controlo das Sementes, de 1983, supervisiona o processo de concessão de licenças para a realização de negócios de sementes. Em geral, o sector privado especializa-se em sementes híbridas e varietais de elevado valor e oferece-as aos agricultores sob a forma de sementes verdadeiramente rotuladas (TL), enquanto o sector público se especializa em sementes OPV de elevado volume e oferece-as aos agricultores sob a forma de sementes certificadas. O sector indiano das sementes está avaliado em 3,0 mil milhões de dólares e é o quinto maior a nível mundial, segundo as estimativas da NSAI. As sementes guardadas nas explorações agrícolas e utilizadas pelos agricultores e trocadas entre agricultores não estão incluídas na dimensão do mercado.

Quadro: caraterísticas das sementes comerciais

S.N	Classe	Caraterísticas
a	Sementes certificadas	✓ Semente OPV ✓ Produzido principalmente pelo instituto SSC/NSC/SAU/ICAR ✓ Variedades notificadas ✓ Seguir o GSSM ✓ Preço baixo
b	Semente TL	✓ Sementes híbridas ✓ Produzido principalmente pelo sector das sementes privadas ✓ Variedades não notificadas ✓ Não seguir o GSSM ✓ Preço elevado das sementes híbridas TL

1.2.1. Percentagem de sementes híbridas na indústria de sementes indiana

A indústria indiana de sementes híbridas está estimada em Rs 10000 crores ou 1,33 mil milhões de dólares. Todo o mercado de sementes de algodão híbrido é constituído por sementes de algodão geneticamente modificado e, por conseguinte, o mercado de sementes geneticamente modificadas representa cerca de 16% do mercado total de sementes e 35% do mercado de sementes híbridas.

S.N	Cultura	Tamanho (%)	Valor em Rs Cr
1	Algodão	35	3650
2	Vegetais	26	2600
3	Milho	18	1800
4	Arroz	13	1200
5	Milhos	4	500
6	Sementes oleaginosas	4	225
7	Outros	-	25
	Total	**100**	**10000**

(Fonte: NSAI, 2020)

1.2.2. Quota de OPV no mercado indiano de sementes

A indústria indiana de sementes de OPV está estimada em Rs 12250 crores, incluindo viveiros e culturas em que o material de plantação vegetativo é utilizado como semente ou material de propagação. A indústria comercial de sementes de OPV pertence tanto ao sector organizado como ao sector não organizado. As estimativas para o sector de sementes não organizadas e o FSS não estão disponíveis e podem ser avaliadas em pelo menos 20-25% mais do que o valor estimado da indústria, que fixa o tamanho do mercado em USD 3,6 mil milhões a USD 3,75 mil milhões. O sector não organizado vende sementes de marca e sem marca, no entanto, as estimativas de receita das sementes de marca não estão disponíveis porque são vendidas em canais informais fora da regulamentação da qualidade das sementes.

Quadro: Quota de OPV no mercado indiano de sementes

SN	Cultura	Quota (%)	Valor em Rs Cr
1	Arroz	24.5	3000
2	Trigo	24.5	3000
3	Milho (milho, jowar, culturas forrageiras, etc.)	4	500
4	Leguminosas (soja e grão)	24.5	3000
5	Sementes oleaginosas	4	500
6	Produtos hortícolas (batata, cebola, culturas OPV)	8	1000
7	Material de plantação (viveiros, culturas hortícolas, etc.)	6	750
8	Outros (cana-de-açúcar, tabaco, juta, etc.)	4	500
	Total	**100**	**12250**

(Fonte: NSAI, 2020)

1.3.Perfil comercial das empresas privadas de sementes

Ao analisar a atividade de todos os principais intervenientes no mercado indiano das sementes, verificou-se que apenas 15% das empresas têm a sua própria divisão de I&D, produção e comercialização, 20% das empresas têm uma divisão de produção e comercialização, enquanto a maioria das empresas (65%) se especializou na comercialização e distribuição de sementes

1.4.Segmentação no mercado das sementes

O mercado das sementes foi dividido em vários tipos de segmentos com base no tipo de cultura, tipo de semente, caraterísticas das sementes, disponibilidade, regiões, etc. O conhecimento de todos estes segmentos é essencial para um novo empresário do sector das sementes.

Neste caso, o mercado das sementes foi classificado em vários segmentos;

a. EM por tipo de cultura: Cereais, leguminosas, sementes oleaginosas, culturas de fibras, produtos hortícolas, etc.

b. MS por tipos de sementes: Sementes Convencionais, Sementes OGM

c. EM por caraterísticas: Tolerância a herbicidas, resistência a insecticidas, etc.

d. MS by Seed Traços: Tratadas, Não tratadas

e. MS por disponibilidade de sementes: Sementes Comerciais, Sementes Guardadas

f. EM por regiões: Ásia Pacífico, América do Norte, Europa, América Latina, Médio Oriente e África

1.5.Organismos reguladores da exportação e importação de sementes

A DGFT, a APEDA e a DPPQ são os principais organismos reguladores envolvidos na importação e exportação de sementes.

A DGFT é responsável pela aplicação da política de comércio externo com o objetivo principal de promover as exportações da Índia. A DGFT desempenha um papel muito importante no desenvolvimento das relações comerciais com várias outras nações, contribuindo assim não só para melhorar o crescimento económico, mas também para dar um certo impulso necessário à indústria comercial.

A DGFT emite uma licença de exportação para o exportador de sementes com base na recomendação efectuada pelo CAD. Além disso, a DGFT é responsável pela autorização da lista de sementes/materiais de plantação que podem ser exportados ou importados com base nas recomendações efectuadas pelo CAD.

2. OPORTUNIDADES NO SECTOR DAS SEMENTES

A Índia tem uma oportunidade excecional de exportar sementes para regiões subtropicais e tropicais do mundo devido à sua vasta diversidade geográfica e agro-climática. Além disso, a Índia possui mão de obra qualificada para satisfazer as necessidades de I&D no domínio do melhoramento vegetal, da biotecnologia, da produção de sementes e das tecnologias de sementes, o que lhe permite tornar-se um centro mundial de sementes para a criação de variedades destinadas a uma variedade de mercados globais e à produção de sementes por encomenda. As variedades de plantas indianas prosperam nos países do Sul da Ásia, do Sudeste Asiático e de África porque partilham ambientes agro-climáticos e edáficos semelhantes.

Devido à enorme área agrícola e à sua economia baseada em sectores associados, a região tem um enorme potencial inerente. A Ásia-Pacífico está a experimentar uma rápida expansão no negócio das sementes, uma vez que alberga dois dos maiores países agrícolas do mundo, a Índia e a China. A Ásia-Pacífico é vista como o segmento de crescimento mais rápido, com um CAGR de 7,9%, seguida da América do Sul durante 2015-2020. A região está a assistir a uma maior adoção de híbridos e a um aumento das taxas de substituição de sementes nas principais culturas, como o arroz, o milho e os legumes. O negócio de sementes da região tem um grande potencial de crescimento.

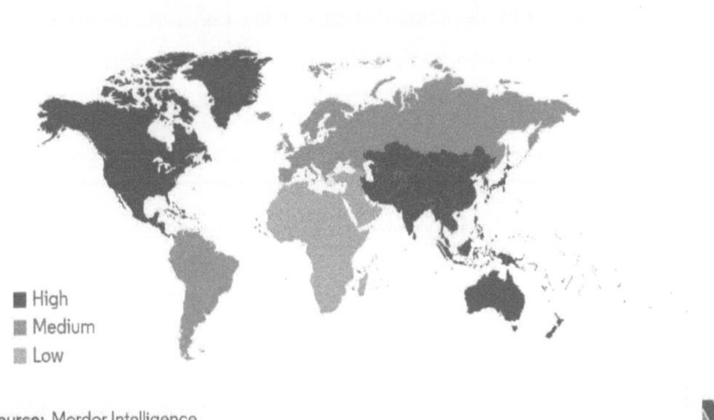

As forças motrizes que podem atrair novos empresários de sementes devem-se a várias razões que são descritas a seguir;

1. Região agroclimática diversificada
2. SRR e VRR baixos
3. Procura de híbridos
4. Baixa intensidade de cultivo
5. Oportunidades de exportação
6. Disponibilidade de mão de obra qualificada

7. Apoio ao crédito/Assistência financeira

8. Produção de sementes por encomenda

9. Apoio às políticas

10. Destino atrativo para o investimento

11. Procura de produtos saudáveis e biológicos

A Índia já possui um sector de sementes bem desenvolvido. A Índia possui uma indústria de sementes bem desenvolvida, condições agro-climáticas variadas, experiência na produção de sementes, sistemas de gestão da qualidade das sementes e as infra-estruturas necessárias para explorar esta oportunidade. Estas oportunidades estão a ser discutidas aqui;

2.1.Região agroclimática diversificada

A Índia possui a segunda maior área de terra arável do mundo, bem como 15 zonas agro-climáticas principais adequadas para a produção de sementes agrícolas. Esta diversidade permite-nos efetuar estudos de reprodução e avaliação para quase todos os cantos do mundo. Esta vasta gama de condições agroclimáticas também favorece o desenvolvimento de sementes de várias culturas, incluindo variedades tropicais, subtropicais e temperadas. Ainda temos áreas consideráveis em diversas regiões agroclimáticas que não estão cobertas por sementes de qualidade, esta diversidade também traz potencial em termos de procura de sementes.

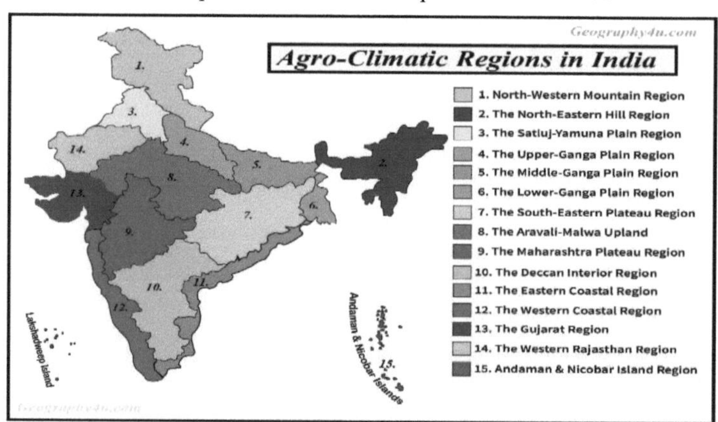

Fig: Região agroclimática na Índia

2.2.Baixas taxas de substituição de sementes:

Os dois parâmetros críticos para a melhoria da produtividade em sementes de OPVs especialmente aplicáveis a grãos alimentares (cereais, painço e leguminosas) e sementes oleaginosas são (i) Taxa de Substituição de Sementes (SRR) e (ii) Taxa de Substituição Varietal.

Embora tenha melhorado significativamente na última década em muitos dos Estados, a taxa de crescimento sazonal continua a ser baixa em comparação com os padrões mundiais, em que a taxa de crescimento sazonal é superior a 90%-100%. No que respeita ao algodão, a taxa de resposta estrutural é superior a 99%, uma vez que todo o algodão cultivado na Índia foi convertido em híbridos de algodão Bt. No entanto, em muitas culturas de OP em grãos alimentares e oleaginosas, a SRR é inferior a 25%-30%, levando a uma baixa produtividade.

Da mesma forma, em muitas culturas, as variedades antigas lançadas e comercializadas nas últimas 3-5 décadas, tanto no sector público como no privado, continuam a ser cultivadas em muitos Estados da Índia e a produtividade da maioria destas variedades antigas atingiu um patamar ou estagnou. Há uma grande necessidade de substituição de variedades com novas variedades a serem desenvolvidas por I&D nos sectores público e privado, mas devido a vários factores socioeconómicos, a taxa de substituição de variedades (VRR) das variedades altamente adoptadas é baixa em muitos Estados do país.

2.3.Procura de híbridos:

A procura de sementes híbridas traz uma revolução no sector das sementes. Estima-se que o tamanho do mercado global de sementes híbridas represente um valor de US $ 25,2 bilhões em 2021 e está projetado para crescer a um CAGR de 6,7% a partir de 2021, para atingir um valor de US $ 34,9 bilhões em 2026. A crescente demanda por sementes híbridas da indústria de alimentos, bebidas, ração animal e biocombustíveis está impulsionando o crescimento do mercado.

O mercado indiano de sementes híbridas passou por mudanças notáveis ao longo do século passado. As sementes híbridas mais utilizadas são as sementes de algodão BT, as sementes híbridas de milheto, as sementes híbridas de milho, as sementes híbridas de arroz, as sementes híbridas de sorgo, as sementes híbridas de girassol e as sementes híbridas de frutas e legumes. Sendo a Índia um dos principais produtores agrícolas, detinha uma quota de quase 2% do comércio mundial de sementes híbridas em 2016. Com a rápida taxa de substituição de sementes e o desenvolvimento da cadeia de abastecimento de sementes híbridas para os agricultores, de acordo com o clima e o tipo de solo de uma região, tem mostrado uma tendência crescente do mercado de sementes híbridas desde 2010. O analista da Goldstein Research prevê que o mercado de sementes híbridas da Índia deverá atingir 6,9 mil milhões de dólares até 2025, crescendo a uma CAGR de 11,0% durante o período de previsão (2017-2025).

Na Índia, a penetração das sementes híbridas é elevada no algodão (90%), no milho (60%), nos cereais limitados, como o sorgo e o milheto, e nas sementes oleaginosas, como o girassol (hibridação de 80%). No entanto, a penetração é ainda muito baixa nos principais cereais, como o arroz e o trigo (5%).

Estima-se que a hibridização no milho, arroz e legumes impulsione o crescimento do sector durante o período de previsão. Assim, a alta demanda de sementes híbridas no mercado, juntamente com condições favoráveis para a produção de sementes devido à disponibilidade de diversas condições agroclimáticas, pode atrair novos empreendedores de sementes para este segmento.

As áreas onde as condições climáticas são frescas e secas são preferíveis para a produção de sementes da maioria das culturas. A seguir, apresentamos uma tabela com a área de cada cultura adequada para a produção de sementes na Índia em todos os estados

Tabela: Área adequada para a produção de sementes híbridas na Índia:

S.N	Cultura	Regiões/Distritos de produção de sementes
1	Paddy híbrido	Karimnagar (TS), Warangal (TS), Khammam (TS), Kurnool (AP), Mahbubnagar (TS), Raichur (KTK),Koppal (KTK), Raipur (Chattisgarh), etc
2	Milho híbrido	West Godavari (AP),Khammam (TS), E.Godavari (AP), Prakasam (AP),Kadapa (AP), Karimnagar (TS), Warangal (TS), Nizambad (TS) ,etc
3	Bajra híbrido	Kadapa (AP), Nizambad (TS), Ballari (KTK),Anantapur (AP)

4	HíbridoMostarda	Nizambad (TS), Sabarkantha (Guj), Jalna (Maha)
5	Algodão híbrido	Mahboobnagar (TS), Kurnool (AP), Koppal (KTK), Sabarkanta (Guj), Attur (TN), Akola (Mah), etc.
6	Tomate híbrido	Distritos de Haveri, Koppal e Davangere (Karnataka) Buldhana (Maharashtra) Bayad de Aravalli (Gujarat)
7	Quiabos híbridos	Distrito de Aravalli (Gujarat), Haveri, Gadag, Koppale Davanagere (Karnataka) Distrito de Buldhana (Maharashtra)
8	Malagueta híbrida	Distritos de Koppal, Haveri e Davangeri de Karnataka, distrito de Buldhana de Maharashtra
9	Melancia híbrida	Koppal, Tumukur, Chikmangalore e Distrito de Davangere de Karnataka, distrito de Buldhana de Maharashtra, distrito de Aravalli de Gujrat

2.4. Baixa intensidade de cultivo

Há pouco potencial para aumentar as terras cultiváveis, mas existem algumas oportunidades para aumentar a intensidade das culturas através de uma variedade de métodos. Para satisfazer as necessidades alimentares da população em expansão, temos de aumentar a produção alimentar num recurso terrestre limitado. Isto pode ser conseguido através do aumento da intensidade das culturas. A intensidade média de cultivo da Índia é de apenas 141%. Para aumentar ainda mais a intensidade de cultivo, será necessária uma maior procura de sementes de qualidade, especialmente de variedades de alto rendimento, tolerantes ao stress e de duração mais curta.

4.5. Apoio à política

Desde a Lei das Sementes de 1966 até à Lei das Sementes de 2004, a política indiana em matéria de sementes tem vindo a refletir a evolução das necessidades da Índia e a dinâmica do mercado. A fim de incentivar a exportação de sementes no interesse dos agricultores, o procedimento de exportação de sementes foi simplificado. As sementes de várias culturas foram colocadas ao abrigo da licença geral aberta (Open General License - OGL), exceto as sementes de variedades selvagens, germoplasmas, sementes de reprodutores e sementes de sementes que constam de uma lista restrita ao abrigo da nova política de exportação e importação para 2002-2007.

Com a promulgação da lei PPV & FR, a participação do sector privado aumentou na I & D de variedades, especialmente de arroz e trigo. Também facilitou uma maior participação do sector privado na produção e no fornecimento de sementes melhoradas.

Desde 2008, a Índia tornou-se um país membro do sistema da OCDE, o que contribui para a expansão do nosso negócio de sementes no mercado internacional.

4.6. Produção orientada para a exportação

A Índia tem uma indústria de sementes bem desenvolvida, condições agro-climáticas variadas, experiência na produção de sementes, sistemas de gestão da qualidade das sementes e as infra-estruturas necessárias para explorar esta oportunidade, à semelhança de outros países como o Chile, a Argentina e a África do Sul. Temos a possibilidade de explorar oportunidades de exportar as sementes produzidas na Índia para países asiáticos como o Bangladesh, o Paquistão, o Srilanka, Myanmar, a Indonésia e a Malásia e para países africanos como a Tanzânia, o Gana, a Etiópia, a Nigéria, o Sudão e o Quénia. Isto irá alavancar ainda mais a procura de sementes no mercado internacional a partir de solo indiano. Mas antes de irmos para terras estrangeiras, devemos levar as sementes para as regiões do país onde a indústria de sementes é quase inexistente, como os Estados do Nordeste. A maior diversidade de germoplasma disponível na Índia, devido à expansão geográfica, oferece também uma enorme oportunidade aos operadores indianos de sementes para desenvolverem rapidamente as variedades melhoradas. Trata-se de variedades desenvolvidas na Índia por empresas nacionais exclusivamente para exportação. Estas variedades podem ser exportadas para outros mercados tropicais a nível mundial.

Existe uma grande oportunidade para desenvolver mercados externos para a exportação de sementes de produtos hortícolas desenvolvidas na Índia. Para tal, serão necessários investimentos em actividades de desenvolvimento de mercados noutros países.

Atualmente, as nossas exportações de sementes são inferiores a ₹1.000 crore por ano. O comércio global anual de sementes é de 14 mil milhões de dólares. A Índia tem definitivamente um potencial para captar uma quota de 10%, que é de 1,4 mil milhões de dólares ou 10 000 crore até 2028. (The Hindu, 23 de julho de 2020).

Além disso, as infra-estruturas necessárias, tais como portos secos, estão disponíveis perto dos principais centros de sementes da Índia, tais como Bengaluru, Coimbatore, Hyderabad, Aurangabad, Ahmedabad, etc. Cada porto está equipado com armazéns adequados para o armazenamento de sementes, instalações de ensaio da qualidade das sementes reconhecidas a nível mundial (laboratórios privados de terceiros), documentação de exportação de sementes e agências de certificação fitossanitária, instalações de quarentena de plantas e mecanismos de apoio semelhantes.

4.7. Disponibilidade de mão de obra qualificada

As pessoas envolvidas na produção de sementes devem ter conhecimentos técnicos sobre a sua produção e controlo de qualidade. Existem vários tipos de programas de desenvolvimento de competências e de empreendedorismo conduzidos pelo Skill Council of India, juntamente com o ICAR, SAUs, KVK e agências governamentais estatais para formar os jovens desempregados no domínio da produção de sementes. Mesmo muitas empresas privadas de sementes dão formação diretamente aos agricultores e, em seguida, iniciam a produção de sementes nos seus campos, fornecendo-lhes materiais de plantação, o que tem sido bem sucedido em Telangana.

Telangana alberga cerca de 2,5 lakh de produtores de sementes qualificados em 1 500 aldeias, que produzem cerca de 65 lakh quintais de sementes em três lakh acres todos os anos. Os agricultores podem multiplicar as suas receitas provenientes da produção de sementes porque o Estado tem condições geográficas e climáticas, bem como tipos de solo semelhantes aos do Quénia, Tanzânia, Zâmbia, Nigéria, Egito e Sudão em África; Paquistão, Bangladesh, Myanmar, Nepal, Sri Lanka, Filipinas e Tailândia na Ásia; e mesmo alguns países da América do Norte e da Europa.

Com condições agro-climáticas favoráveis, mão de obra qualificada, infra-estruturas e logística para a produção e armazenamento de sementes de qualidade, o estado satisfaz mais de 60 por cento das necessidades de sementes da Índia. Hyderabad orgulha-se de ter mais de 430 empresas de sementes, e o estado exporta sementes para 18 países.

4.8. Produção de sementes por encomenda

Uma empresa localizada fora da Índia dá ordens de produção a uma empresa indiana de sementes e fornece sementes-mãe para produção na Índia. A empresa indiana exporta a produção de volta para eles.

Atualmente, a Índia está a realizar a produção por encomenda de sementes de produtos hortícolas. A Índia pode tornar-se um líder mundial na produção por encomenda de sementes de produtos hortícolas para outros países, uma posição atualmente ocupada pela China.

4.9. Crédito/Apoio financeiro

O governo lançou igualmente um regime do sector central, nomeadamente, "Desenvolvimento e reforço das infra-estruturas para a produção e distribuição de sementes de qualidade" a partir de 2005-2006. As principais componentes são as disposições em matéria de controlo da qualidade das sementes, o subsídio de transporte para o transporte de sementes para o Nordeste e outras zonas montanhosas, a criação e manutenção de bancos de sementes, o programa de aldeias de sementes, a assistência à criação de infra-estruturas, a assistência ao aumento da produção de sementes no sector privado, o desenvolvimento dos recursos humanos, a assistência à exportação de sementes, a propagação da aplicação da biotecnologia na agricultura, a promoção da utilização de sementes híbridas

O Governo da Índia, no âmbito de várias iniciativas, concedeu as seguintes subvenções de apoio ao crédito durante um certo período, a fim de reforçar o sector das sementes.

- ✓ Crédito para regimes de distribuição de sementes certificadas
- ✓ Subsídio para a produção de sementes de arroz híbrido, subsídio total para mini-quintas, no âmbito do NFSM
- ✓ Subsídios ao abrigo do programa de aldeias de sementes
- ✓ Subsídios ao transporte de sementes
- ✓ Subvenção de capital de reserva ligada ao crédito à taxa de 25% do custo do projeto, sujeita a um limite máximo de Rs.25.00 lakh por unidade para o desenvolvimento de infra-estruturas de sementes

4.10. Destino atrativo para o investimento

Recentemente, a indústria das sementes tornou-se muito atractiva para os investidores. Os investidores indianos estão à espera de muitas OPI do sector das sementes. O Governo autoriza o IDE em sectores agrícolas selecionados, incluindo a produção de sementes.

De acordo com a política em vigor, o IDE é autorizado até 100% ao abrigo da via automática no desenvolvimento e produção de sementes e material de plantação, sob reserva de determinadas condições, tal como mencionado na "Circular n.º 1 de 2011: Consolidated FDI Policy", emitida pelo Departamento de Política e Promoção Industrial, Ministério do Comércio e da Indústria, Governo da Índia. A autorização de IDE até 100% incentivaria a infusão de investimento estrangeiro no sector das sementes e facilitaria igualmente às empresas de sementes nacionais o reforço das actividades de investigação e desenvolvimento para o desenvolvimento de sementes de melhores variedades

Além disso, a procura crescente de alimentos, a mudança para híbridos de alto rendimento e um ambiente político provavelmente favorável são as razões pelas quais os investidores estão a olhar para o sector agrícola. Acreditam firmemente que uma mudança a favor dos híbridos resultaria num aumento multiplicado das vendas de sementes em relação ao investimento neste sector.

4.11. Procura de alimentos ricos em nutrientes

O maior conhecimento da qualidade nutricional dos regimes alimentares, bem como o aumento do número de consumidores preocupados com a saúde, conduzem a um aumento da procura de alimentos de qualidade. O principal fator de crescimento da procura de sementes em expansão progressiva tem sido o aumento da procura de alimentos de qualidade específica para consumo humano e animal. Segue-se uma lista de tipos de culturas com caraterísticas nutricionais únicas;

Tabela: Variedades ricas em nutrientes desenvolvidas na Índia

S.N	Cultura	Caraterísticas de qualidade	Variedades
1	Milho	rico em provitamina A, lisina e triptofano	Pusa Vivek QPM9
		Proteína (lisina e triptofano)	Protima, Ratan, Shaktiman
2	Trigo	Fe	HD3171

		Zn	Zinco Shakti
		Zn e Fe	WB02
		Proteína	HD3226
3	Arroz	Fe	IR 72
		Zn	CR Dhan 45
		Proteína	CR Dhan 310
4	Mostarda	Baixo teor de ácido erúcico	Mostarda de Pusa 30
		baixo teor de ácido erúcico e baixo teor de glucosinolatos	Pusa Double Zero Mustard 31
5	Couve-flor	Beta-caroteno	Pusa Beta Kesari 1
6	Milheto de pérola	Zn e Fe	HHB 299

Até à data, foram lançadas mais de 5600 variedades de várias culturas, com apenas um pequeno número de tipos biofortificados. Estas cultivares biofortificadas são extremamente importantes para a segurança nutricional do país. Como resultado, o desenvolvimento de cultivares biofortificadas é um nicho comercial crescente para novos empresários de sementes.

CONCLUSÕES

a. O sector indiano das sementes é altamente dinâmico, inovador, competitivo a nível internacional e diversificado, permitindo o desenvolvimento de novos empresários do sector.

b. Muitos factores inerentes, tais como a diversidade das condições agroclimáticas, a vasta base de germoplasma, a disponibilidade de mão de obra jovem, qualificada e barata, são favoráveis ao início da atividade no sector das sementes

c. O enorme mercado interno continua por explorar devido à utilização de sementes conservadas pelos agricultores e também o vasto potencial de crescimento do mercado de exportação.

d. O mercado das sementes híbridas é o segmento mais rentável para os novos empresários do sector das sementes

Capítulo 2

BASE DA ACTIVIDADE DE SEMENTES

Iniciar um negócio de sementes na Índia envolve várias etapas, desde a compreensão dos requisitos regulamentares até à criação de operações e estratégias de marketing. Aqui está um guia completo para o ajudar a navegar pelo processo:

1. Pesquisa de mercado e estudo de viabilidade

- **Identificar a procura:** Compreender os tipos de sementes procurados (cereais, leguminosas, legumes, frutos, flores, etc.).
- **Análise da concorrência:** Analisar as empresas de sementes existentes, os seus produtos e a sua quota de mercado.
- **Análise SWOT:** Avaliar os seus pontos fortes, pontos fracos, oportunidades e ameaças.

2. Conformidade legal e regulamentar

- **Registo de empresas:** Registar a sua entidade comercial (empresa individual, sociedade, LLP ou sociedade por quotas).
- **Licença de sementes:** Obter uma licença de sementes do Departamento de Agricultura do Estado ao abrigo da Lei das Sementes de 1966.
- **Certificação BIS:** Obter certificação do Bureau of Indian Standards (BIS) para a qualidade das sementes.
- **Registo de marcas:** Registe o nome e o logótipo da sua marca para proteger a sua propriedade intelectual.

3. Infra-estruturas e equipamentos

- **Terreno e edifício:** Garantir um local para o processamento de sementes, armazenamento e operações de escritório.
- **Maquinaria:** Investir em equipamento de processamento de sementes, como máquinas de limpeza, niveladoras, máquinas de tratamento de sementes e máquinas de embalagem.

- **Laboratório:** Criar um laboratório de controlo de qualidade para testes de germinação, testes de pureza e análise do teor de humidade.

4. Aprovisionamento e produção

- **Fornecimento de sementes:** Estabelecer parcerias com agricultores para a produção de sementes ou criar a sua própria exploração de produção de sementes.
- **Controlo de qualidade:** Implementar medidas rigorosas de controlo de qualidade para garantir a pureza, a taxa de germinação e o vigor das sementes.

5. Comercialização e distribuição

- **Desenvolvimento da marca:** Criar uma identidade de marca forte através de embalagens, publicidade e uma presença digital.
- **Rede de distribuição:** Estabelecer uma rede de distribuição sólida que envolva grossistas, retalhistas e plataformas em linha.
- **Divulgação junto dos agricultores:** Conduzir programas de sensibilização e demonstrações de campo para educar os agricultores sobre os benefícios das suas sementes.

6. Planeamento financeiro

- **Investimento de capital:** Estimar o capital inicial necessário para terrenos, maquinaria, licenças e capital de exploração.
- **Opções de financiamento:** Explorar opções de financiamento como empréstimos bancários, capital de risco ou subsídios/subvenções governamentais.
- **Gestão financeira:** Implementar um sistema de gestão financeira sólido para monitorizar o fluxo de caixa, as despesas e a rentabilidade.

7. Conformidade e certificação

- **Certificação de sementes:** Obter a certificação da Agência Estatal de Certificação de Sementes para garantir aos agricultores a qualidade das sementes.

- **Actualizações regulamentares:** Mantenha-se atualizado com as alterações nas políticas agrícolas e nos regulamentos sobre sementes.

8. Sustentabilidade e inovação

- **Investimento em I&D:** Investir em investigação e desenvolvimento para desenvolver variedades de sementes de elevado rendimento, resistentes a doenças e ao clima.
- **Práticas sustentáveis:** Adotar práticas sustentáveis na produção e embalagem de sementes para apelar aos consumidores ambientalmente conscientes.

9. Trabalho em rede e parcerias

- **Associações do sector:** Junte-se a associações do sector, como a National Seed Association of India (NSAI), para estabelecer contactos e manter-se informado sobre as tendências do sector.
- **Colaborações:** Colaborar com universidades agrícolas e instituições de investigação para investigação e desenvolvimento avançados.

Desafios e considerações

- **Dependência climática:** A produção de sementes é altamente dependente das condições climáticas, exigindo planos de contingência para condições meteorológicas adversas.
- **Confiança dos agricultores:** Criar e manter a confiança dos agricultores é crucial, uma vez que eles dependem das suas sementes para a sua subsistência.
- **Obstáculos regulamentares:** Navegar no panorama regulamentar pode ser complexo e requer uma atenção meticulosa à conformidade.

Recursos

- **Regimes governamentais:** Utilizar os esquemas e subsídios governamentais disponíveis para a indústria de sementes.
- **Serviços de extensão agrícola:** Alavancar os serviços prestados pelos programas de extensão agrícola para educação e apoio aos agricultores.

Iniciar um negócio de sementes na Índia requer um planeamento cuidadoso, um investimento substancial e um forte compromisso com a qualidade e a inovação. Ao cumprir os requisitos regulamentares e adotar as melhores práticas, pode construir um negócio de sementes bem sucedido e sustentável.

O negócio das sementes na Índia é um sector complexo e dinâmico, profundamente interligado com as práticas agrícolas, as políticas e os factores socioeconómicos do país. Eis um resumo pormenorizado da ecologia do negócio das sementes na Índia:

1. Panorama do sector

- **Dimensão do mercado**: A Índia é um dos maiores mercados de sementes a nível mundial, com uma dimensão de mercado superior a 3 mil milhões de dólares. Prevê-se que o mercado cresça a um ritmo significativo devido ao aumento das actividades agrícolas e à adoção de variedades de sementes de elevado rendimento.
- **Segmentos**: O sector das sementes divide-se em sementes híbridas, sementes geneticamente modificadas (GM) e sementes tradicionais ou de polinização aberta. As principais culturas incluem o arroz, o trigo, o milho, o algodão e os legumes.

2. Ambiente regulamentar

- **Lei das Sementes de 1966**: Regula a qualidade das sementes vendidas no mercado, garantindo que cumprem normas específicas.
- **Política Nacional de Sementes de 2002**: Centra-se na melhoria da qualidade das sementes, no incentivo à participação do sector privado e na promoção da inovação na tecnologia das sementes.
- **Lei sobre a Proteção das Variedades Vegetais e dos Direitos dos Agricultores de 2001 (Lei PPVFR)**: Equilibra os direitos dos criadores de variedades vegetais e dos agricultores, incentivando o desenvolvimento de novas variedades e protegendo simultaneamente os interesses dos agricultores.

3. Principais actores

- **Setor público**: Organizações como a National Seeds Corporation (NSC), a State Farm Corporation of India (SFCI) e várias State Seed Corporations desempenham um papel significativo na produção e distribuição de sementes.
- **Setor privado**: Empresas como a Mahyco, a Rasi Seeds, a Nuziveedu Seeds e operadores internacionais como a Monsanto (atualmente parte da Bayer), a Syngenta e a DuPont Pioneer são cruciais para impulsionar a inovação e fornecer uma gama diversificada de sementes.

4. Produção e distribuição de sementes

- **Produção de sementes**: Envolve sectores organizados e não organizados, com os agricultores muitas vezes envolvidos na agricultura por contrato para empresas de sementes. O controlo de qualidade é vital, envolvendo processos de certificação por agências como a Agência de Certificação de Sementes.
- **Canais de distribuição**: As sementes chegam aos agricultores através de uma rede de distribuidores, comerciantes, cooperativas e agências governamentais. As plataformas de comércio eletrónico estão também a emergir como um novo canal de distribuição.

5. Desafios

- **Controlo de qualidade**: Garantir a disponibilidade de sementes de alta qualidade continua a ser um desafio devido a questões como sementes espúrias e infra-estruturas inadequadas de armazenamento e transporte.
- **Obstáculos regulamentares**: O cumprimento de vários regulamentos pode ser complicado e há debates em curso sobre sementes geneticamente modificadas e direitos de propriedade intelectual.
- **Alterações climáticas**: A alteração dos padrões climáticos afecta a produção e a procura de sementes, exigindo o desenvolvimento de variedades de sementes resistentes.

6. Investigação e desenvolvimento

- **I&D do sector público**: Institutos como o Conselho Indiano de Investigação Agrícola (ICAR) e os seus organismos afiliados estão envolvidos em

investigação extensiva para o desenvolvimento de novas variedades de
sementes.

- **I&D do sector privado**: As empresas investem fortemente em biotecnologia,
no desenvolvimento de sementes híbridas e noutras inovações para melhorar o
rendimento, a resistência às doenças e a adaptabilidade às condições
climáticas.

7. Tendências e inovações

- **Biotecnologia e sementes geneticamente modificadas**: Embora controversas,
as sementes geneticamente modificadas são vistas como uma solução para
aumentar o rendimento e a resistência às pragas. O algodão Bt é o exemplo
mais proeminente na Índia.
- **Sementes híbridas**: Há uma preferência crescente por sementes híbridas
devido ao seu maior rendimento e resistência a doenças.
- **Agricultura digital**: Utilização de análises de dados, aplicações móveis e
outras ferramentas digitais para fornecer aos agricultores informações sobre as
melhores práticas, previsões meteorológicas e preços de mercado.

8. Sustentabilidade e bem-estar dos agricultores

- **Sementes Biológicas**: O aumento da procura de produtos biológicos está a
impulsionar o interesse por variedades de sementes biológicas.
- **Direitos e benefícios dos agricultores**: Garantir que os agricultores obtenham
um preço justo pelos seus produtos e sementes, acesso ao crédito e seguro
contra a quebra de colheitas é crucial para o crescimento sustentável.

Conclusão

O sector das sementes na Índia está pronto para crescer, impulsionado pelos avanços
tecnológicos, pelas políticas de apoio e pela crescente sensibilização dos agricultores
para os benefícios das sementes de alta qualidade. No entanto, para o desenvolvimento
sustentável do sector, é essencial enfrentar desafios como o controlo da qualidade, a
conformidade regulamentar e os impactos das alterações climáticas.

Capítulo 3
PREVISÃO DA PROCURA DE SEMENTES

A previsão da procura de sementes é o processo de estimar a quantidade de sementes necessárias para as culturas de um ano. É importante para as empresas de sementes porque as ajuda a planear os seus programas de sementes e a tomar decisões informadas sobre vendas, aquisições e comércio. Se não se estimar adequadamente a procura de sementes, a consequência pode ser uma sobreprodução ou subprodução, o que pode causar graves consequências financeiras para uma empresa de sementes. Demasiado transporte e baixas de stock serão dispendiosos, enquanto que a falta de sementes não só significa perda de receitas, como também é uma fonte de frustração para a força de vendas e para a rede de distribuidores. Esta combinação de caraterísticas especiais na indústria de sementes torna ainda mais crítica a avaliação exacta da procura.

Algumas destas caraterísticas são as seguintes:

- Longo prazo para o desenvolvimento de novos produtos a partir de programas de melhoramento
- Sazonalidade da produção
- Produção sujeita a variáveis como o clima, que estão fora do controlo da gestão
- Controlos estatutários e normas de qualidade
- Existência de um sistema de geração - em que a produção de um ano é a progenitora do ano seguinte -, com um "prazo de validade" limitado e perda de germinação
- A relação volume elevado/valor reduzido de algumas culturas de sementes, como os cereais, torna pouco atrativo o transporte a longa distância e o armazenamento a longo prazo.

O primeiro passo na previsão da procura é calcular a necessidade existente x percentagem de semente comprada) é a quantidade de semente comercial que é comprada pelos agricultores. No cálculo das necessidades de sementes, as taxas de aplicação de sementes devem ser tidas em conta, ou seja, a diferença entre uma cultura cultivada para grão ou forragem, a diferença entre terra irrigada e terra seca, a diferença entre uma cultura que é semeada diretamente ou transplantada. É igualmente importante definir as diferentes categorias de sementes que existem no mercado, uma vez que a compreensão destes segmentos contribuirá para a avaliação da procura.

As sementes podem ser classificadas como sendo:

- Grãos retidos na exploração e utilizados como sementes

- Grãos trocados por sementes a nível da aldeia ou dos vizinhos

- Grãos vendidos como sementes não rotuladas compradas num mercado ou comerciante, sementes certificadas ou rotuladas compradas no sistema de distribuição.

Os costumes e práticas locais podem ser tais que o grão é retido na exploração para ser utilizado como semente. Em alternativa, os agricultores podem substituir as sementes de três em três ou de cinco em cinco anos. Reconhecendo que o grão das culturas consanguíneas será retido pelos agricultores para ser utilizado como semente se tal for possível, o desafio para a indústria de sementes é converter o máximo possível das sementes comercializadas não oficialmente em sementes certificadas ou rotuladas. Os factores que afectam a procura: A procura, para o vendedor de sementes, é a quantidade que os compradores estão dispostos e são capazes de comprar a um determinado preço. É a chamada procura efectiva e não é o mesmo que a necessidade de sementes. É importante distinguir entre a quantidade de sementes que os agricultores irão efetivamente comprar e a quantidade que gostariam de comprar, ou mesmo a quantidade que o governo gostaria que comprassem. A quantidade total de sementes certificadas ou rotuladas vendidas pode ser uma proporção bastante pequena da necessidade total.

Muitos factores devem ser considerados na avaliação e previsão da procura, tais como

- Padrão e intensidade das culturas

- Tipo de sementes utilizadas

- Clima

- Procura de produtos vegetais

- Situação do mercado

- Rendimento agrícola disponível

- Taxa ou nível de adoção de novas tecnologias

- Política governamental

- Ciclos de culturas

- Hábitos e tradições

- Desempenho do produto

- Competitividade

- Preço global e preço de aquisição.

- Promoção

Quando uma empresa ou organização calcula a quota de mercado que os seus próprios produtos podem conquistar, o desempenho do produto, o posicionamento competitivo, o preço e a promoção são os factores mais importantes a ter em conta. Estes factores constituem a base da previsão de vendas e do planeamento da produção. O efeito do preço e do rendimento agrícola na procura: Em geral, "quanto mais alto o preço, menor a quantidade comprada", especialmente quando existem substitutos disponíveis. No caso das sementes, os agricultores podem reter os grãos de culturas não híbridas, mudar de híbridos para não híbridos ou cultivar outras culturas. Para além do preço, o rendimento agrícola é o principal fator limitativo que afecta o que um agricultor gastará em factores de produção. O agricultor terá de fazer um balanço entre o custo e o benefício antes de ser persuadido a gastar dinheiro em factores de produção como as sementes e os fertilizantes. Infelizmente, a semente é muitas vezes o único item em que o agricultor acredita que é possível poupar dinheiro, embora normalmente se gaste menos em sementes do que em qualquer outro insumo. O agricultor faz as seguintes perguntas: "Quais são as probabilidades de rentabilizar o meu investimento?"-"Será que as chuvas vão ser abundantes?"-"Como será o mercado para os produtos? "Deve reconhecer-se que existem exigências contraditórias em relação ao rendimento agrícola e que o fornecedor de factores de produção está a competir por esse rendimento. As campanhas de marketing e promoção são concebidas para persuadir os agricultores de que as sementes representam um bom valor. Muitas vezes, os agricultores não atribuem valor às sementes porque, no caso dos cereais, pensam que estão a produzir o próprio produto que lhes é vendido. Assim, parece a muitos agricultores que poderiam facilmente replantar os seus próprios cereais

Técnicas de previsão da procura: A previsão é o processo de fazer projecções da procura de produtos através da análise dos níveis de desempenho passados e presentes, combinada com uma avaliação dos produtos e mercados disponíveis. Este processo pode ser efectuado no âmbito do serviço público ou por empresas individuais num contexto puramente comercial. Podem ser utilizadas as seguintes abordagens:

- Definição de objectivos

- Tendências de crescimento

- Taxas de crescimento ajustadas para a adoção de novas tecnologias

- Amostragem.

1. Estabelecimento de objectivos - Este método é geralmente usado nos países em desenvolvimento onde o governo está diretamente envolvido no planeamento e no fornecimento de sementes. Numa economia de gestão centralizada, é provável que os objectivos sejam estabelecidos a nível nacional e que os planos de produção sejam fixados para cada região. A Índia é um exemplo de uma economia mais aberta onde tanto o sector público como o privado coexistem numa indústria de sementes bem desenvolvida, mas onde o governo mantém uma função de coordenação e tem a responsabilidade final pela segurança do fornecimento de sementes. O Ministério da Agricultura estabelece os objectivos e organiza reuniões para estabelecer a situação do abastecimento e os planos de produção das várias organizações envolvidas. As empresas podem optar por estabelecer um objetivo para um nível de vendas ideal, reconhecendo, ao mesmo tempo, que é improvável que este seja alcançado e orçamentando para uma situação mais viável.

2. Tendências de crescimento - Esta abordagem baseia-se no pressuposto de que a taxa de crescimento da procura de sementes verificada nos últimos anos se manterá. Isto pode dar origem a previsões irrealistas e dependerá da fase de desenvolvimento do mercado das sementes melhoradas. Pequenos aumentos de volume nas fases iniciais da utilização de sementes melhoradas representarão um grande aumento em termos percentuais, que poderá não ser possível manter.

3. Taxas de crescimento ajustadas em função da adoção de novas tecnologias - Utilizando esta abordagem, uma dada região é considerada com base nos graus de adoção de novas tecnologias e na velocidade provável da mudança. Cada parte da região pode então ser classificada como de crescimento "baixo", "médio" ou "elevado", reflectindo melhor a situação global

4. Amostragem - A exatidão das abordagens acima mencionadas pode ser melhorada se grupos de agricultores forem inquiridos para avaliar a sua procura antecipada de sementes. Este exercício é mais fiável quando existe uma consciência razoável dos benefícios da utilização de sementes melhoradas.

Tendências de crescimento utilizadas no contexto comercial As vendas históricas podem ser examinadas para desenvolver linhas de tendência, mas as projecções resultantes devem ser sempre revistas com o benefício do julgamento e da experiência. Os padrões sazonais e a variação entre anos devem ser explicados. Os dados relativos às vendas dos anos anteriores são examinados através da elaboração de um gráfico das vendas mensais e acumuladas e da comparação entre os diferentes anos. Um gráfico de anos sucessivos fornece a tendência global e deve responder às seguintes questões:

- O mercado está a expandir-se ou a contrair-se?

- Se as vendas da empresa tiverem de ser expandidas nos mercados existentes, que quotas serão retiradas a que concorrentes?

- O aumento das vendas virá dos clientes actuais ou de novos clientes?

- Que produtos estão a ser lançados ou eliminados?

A previsão de vendas para cada grupo de culturas é o total das previsões de cada variedade. Assim, cada variedade tem de ser considerada como uma linha de produtos diferente em diferentes fases do seu ciclo de vida. Ao prever a procura, uma determinada percentagem não deve ser simplesmente adicionada aos valores do ano anterior, uma vez que o ano anterior pode não ter sido típico. É necessário criar uma previsão baseada no mercado que envolva as pessoas da empresa, bem como as da cadeia de distribuição. Se uma empresa espera aumentar as suas vendas em dez por cento, os concessionários terão de planear em conformidade. As previsões de procura preparadas pelos distribuidores têm de ser discutidas com eles se não corresponderem às previsões da empresa. Por exemplo, é possível que um concessionário tenha ficado com um stock em atraso devido a uma entrega tardia na época anterior. Em alternativa, as condições locais podem não corresponder ao panorama geral na área da empresa. Segue-se um exemplo de um processo adotado por uma empresa internacional que opera num mercado de sementes em desenvolvimento:

1. A empresa realiza uma reunião de planeamento que envolve toda a equipa de vendas e marketing. Os representantes comerciais recolheram informações sobre o mercado durante a época e o diretor comercial preparou uma análise das vendas do ano em curso e dos anos anteriores. Os números são registados num quadro grande e aperfeiçoados à medida que a discussão avança.

2. Em primeiro lugar, estabelece-se a dimensão e a segmentação do mercado para o grupo de produtos em análise, anotando-se quaisquer alterações, tendências ou factores especiais.

3. O volume de mercado no ano em curso é atribuído a cada concorrente, com indicação das quotas de variedades específicas. Foi recolhida a maior quantidade possível de informações sobre a produção e as reacções dos agricultores às variedades concorrentes. Devem também estar disponíveis informações sobre o nível das importações de sementes.

4. A previsão da procura de variedades individuais na carteira da empresa é então considerada à luz dos preços, dos comentários dos comerciantes sobre se as variedades são "tão boas como" ou "melhores do que" a concorrência, da estrutura de comissões dos comerciantes e das actividades promocionais planeadas. Mais uma vez, a Seed Co-op no Zimbabué fornece um bom exemplo, ilustrando a forma como as organizações externas e governamentais estão envolvidas e contribuem para o processo. A Seed Co-op, para além de analisar os seus próprios dados, recolhe informações dos agricultores, estatísticas governamentais e empresas associadas, tais como empresas químicas e de fertilizantes, para fornecer uma maior precisão nas previsões. No Zimbabué, onde a maior parte das culturas alimentares comerciais têm sido comercializadas através de empresas paraestatais, a proposta de preços para a estação seguinte é um fator crítico. Também são efectuados estudos de mercado. O pessoal do governo efectua inquéritos exaustivos sobre as culturas plantadas, os rendimentos obtidos, as vendas das culturas e os resíduos retidos na exploração para consumo doméstico. São estudados seis pequenos agricultores em cada distrito administrativo, representando diferentes regiões climáticas e fornecendo uma base de dados muito completa. Estes dados são depois comparados com as informações recebidas da União dos Agricultores Comerciais, do Serviço Central de Estatística e da Unidade de Alerta Rápido, que têm em conta todos os tipos de sistemas agrícolas. Estes estudos fornecem à indústria informações críticas sobre as necessidades potenciais de sementes que, quando

consideradas em conjunto com as tendências de vendas das empresas e outros factores externos, eliminam algumas das conjecturas da previsão da procura.

Fornecimento de sementes: A palavra produto já foi utilizada várias vezes para designar o que é vendido. No sentido mais lato, as sementes são o produto, mas do ponto de vista da comercialização, são as variedades individuais que constituem os produtos. A gama de produtos de sementes é, portanto, todas as variedades de todas as espécies de culturas que estão a ser vendidas. Ao tomar a decisão de comprar uma determinada variedade a um determinado fornecedor, o consumidor espera provavelmente uma série de benefícios. Estes incluem os que se relacionam com o desempenho do produto, bem como benefícios menos óbvios associados ao desempenho do fornecedor.

Alguns exemplos de "desempenho do produto" são:

- Caraterísticas genéticas ou varietais, tais como tipo de planta, resistência a pragas e doenças, rendimento, qualidade, resposta a factores de produção;

- Caraterísticas de qualidade das sementes, que incluem a pureza e a germinação, o grau, os tratamentos e o aspeto geral da amostra de sementes.

Alguns exemplos de "desempenho do fornecedor" são:

- Embalagem, entre as quais o tamanho da embalagem, o aspeto, as informações úteis para o consumidor, a utilização de materiais de embalagem que contribuam para a manutenção da qualidade das sementes;

- A reputação do fornecedor, no que diz respeito à disponibilidade de sementes, preços competitivos, acordos de crédito, gama de produtos, serviço pós-venda e contacto com o cliente para ajudar a resolver problemas como o mau desempenho das sementes, ou para apoio técnico na exploração agrícola;

- A imagem corporativa ou de marca, por exemplo, "se a semente vem da empresa X ou é igual à marca Y, então deve ser boa". Uma empresa pode optar por distinguir os produtos que vende identificando-os com um nome de marca. Se uma empresa tiver desenvolvido um nome forte, quando for lançada uma nova variedade, o agricultor reconhecerá o nome e sentir-se-á mais confiante para experimentar a nova variedade. Quando duas empresas estão a comercializar a mesma variedade ou uma variedade semelhante, são estas caraterísticas de desempenho do fornecedor que irão finalmente influenciar a decisão de compra. A carteira de produtos de sementes: O termo "carteira de produtos" é normalmente utilizado no sector das sementes para designar a gama de produtos oferecidos por uma empresa. A gama de produtos pode ser descrita como o número de linhas de produtos, espécies de culturas, produtos individuais ou variedades de cada linha e marcas. As empresas podem utilizar marcas para diferenciar os níveis de qualidade e os tratamentos das sementes, bem como para diferenciar os mercados dos mesmos produtos. Algumas empresas especializam-se em determinadas sementes, enquanto outras diversificam a sua gama de produtos para repartir o risco comercial, conseguir uma melhor utilização dos seus activos ou suavizar os fluxos de caixa sazonais. Uma empresa de sementes tentará normalmente oferecer uma vasta gama de sementes para captar o maior número possível de clientes. Os factores a considerar pelas empresas de sementes para determinar a sua gama de produtos podem incluir

- A variedade de culturas na área de comercialização - a dimensão dos segmentos individuais do mercado de sementes

- Tendências do mercado, por exemplo, se o mercado está a crescer, estático ou em declínio

- A força da concorrência

- O preço que os agricultores estão dispostos a pagar pelas sementes e, por conseguinte, o rendimento provável do fornecimento das sementes

- Os factores que favorecem a compra de sementes pelo agricultor, tais como a dificuldade de conservar as suas próprias sementes ou a escolha de utilizar sementes híbridas

- A origem, a propriedade e a exclusividade das variedades e os custos de desenvolvimento das variedades

- Dificuldades de produção de sementes que possam surgir

- A adequação e a capacidade das instalações de transformação e de armazenamento para a gama de culturas

- a sazonalidade das culturas

- As implicações da introdução de novos produtos ou de um novo sistema de distribuição para a formação, o recrutamento e a administração do pessoal

- Política governamental e apoio a diferentes culturas e sementes.

Para além de pensar nas diferentes linhas de produtos, é necessário tomar uma decisão sobre o número de variedades individuais dentro de uma linha de produtos que podem ser mantidas no mercado. Esta decisão será influenciada pelo volume global do mercado e pelas necessidades específicas dos segmentos de mercado identificados, tais como:

- Tempo até ao vencimento

- Resistência a pragas e doenças

- Caraterísticas de qualidade relacionadas com as utilizações finais

- Caraterísticas agronómicas.

Ciclo de vida do produto: Haverá sempre uma procura de novos produtos. Um produto pode estar no mercado apenas durante uma estação, o que é raro, ou durante muitos anos. O conceito de ciclo de vida do produto é essencial para planear as mudanças nas actividades de marketing. O ciclo de vida do produto reconhece que os produtos têm uma vida de mercado finita e traça o seu ciclo de vida através de várias fases. Em geral, existe uma fase de desenvolvimento para todos os produtos antes de serem lançados no mercado. O ciclo de vida pode ser dividido em cinco fases distintas, como mostra a Figura 4. Na fase introdutória, o crescimento é lento e o volume é baixo devido ao conhecimento limitado da existência do produto e talvez à relutância em aceitar um produto não comprovado. As vendas aumentam rapidamente durante o período de crescimento e a rendibilidade por unidade de venda deve atingir um máximo, uma vez que o aumento do volume permite realizar os benefícios das economias de escala, com uma diminuição dos custos unitários, uma vez que os custos fixos são repartidos por um maior número de embalagens de sementes. No final desta fase, os concorrentes entram no mercado para promover os seus próprios produtos semelhantes, o que reduz a taxa de crescimento das vendas. Este período é designado por maturidade. O mercado fica então saturado com o produto e as vendas diminuem à medida que os produtos concorrentes corroem a quota de mercado, levando eventualmente à retirada do produto quando este deixa de ser rentável. As fases do ciclo de vida das sementes são as seguintes Desenvolvimento: melhoramento, seleção, ensaio de rendimento, registo oficial. Introdução: lançamento e promoção da variedade, demonstrações no terreno e extensão. Crescimento: aumento da consciencialização e da aceitação da variedade, acumulação de quantidades comerciais de sementes à medida que os comerciantes aumentam as encomendas em resposta à procura criada a nível das explorações agrícolas. Maturidade: o crescimento das vendas do produto abranda à medida que é atingida a cobertura máxima; normalmente, há uma escolha de variedades disponíveis e são introduzidas variedades com melhor desempenho. Saturação: a penetração máxima é atingida e o crescimento cessa. Declínio: os agricultores inovadores mudam para uma nova variedade, enquanto alguns permanecem durante mais tempo com variedades experimentadas e testadas. Retirada: a variedade torna-se ultrapassada; quando já não é rentável mantê-la e produzi-la em volumes muito baixos, tem de ser tomada a decisão de a retirar

Capítulo 4

INTRODUÇÃO À EXPORTAÇÃO E IMPORTAÇÃO DE SEMENTES

A exportação e importação de sementes é um processo complexo que envolve vários regulamentos, normas e procedimentos para garantir a qualidade e segurança das sementes comercializadas internacionalmente. Apresentamos de seguida uma visão geral dos principais aspectos envolvidos no processo de exportação e importação de sementes:

Aspectos fundamentais da exportação e importação de sementes

1. **Conformidade regulamentar:**
   - **Normas internacionais**: Os países seguem normas internacionais, como as estabelecidas pela Associação Internacional de Ensaios de Sementes (ISTA) e pela Convenção Internacional para a Proteção das Plantas (IPPC).
   - **Regulamentos nacionais**: Cada país tem os seus próprios regulamentos e requisitos fitossanitários para a importação de sementes, de modo a evitar a introdução de pragas e doenças.

2. **Certificados fitossanitários:**
   - É necessário um certificado fitossanitário para confirmar que as sementes estão isentas de pragas e cumprem as normas sanitárias do país importador.
   - Emitido pela organização nacional de proteção fitossanitária (ONPF) do país exportador.

3. **Teste de sementes:**
   - As sementes são testadas quanto à sua qualidade, taxa de germinação, pureza e presença de pragas e doenças.
   - Os laboratórios devem ser acreditados por organizações como a ISTA para garantir a normalização.

4. **Certificação varietal:**
   - A certificação garante que as sementes são de uma determinada variedade e cumprem normas específicas de pureza genética.

o   Esta certificação é frequentemente gerida por agências nacionais ou regionais de certificação de sementes.

5. **Rotulagem e embalagem**:

   o   A rotulagem e a embalagem adequadas são essenciais para identificar o lote de sementes e fornecer informações como a variedade, a origem, o peso e a percentagem de germinação.

   o   A embalagem deve proteger as sementes durante o transporte e a armazenagem.

6. **Procedimentos aduaneiros**:

   o   Tanto os países exportadores como os importadores têm procedimentos aduaneiros que devem ser seguidos, incluindo declarações, inspecções e pagamento de direitos ou impostos, se aplicável.

   o   A documentação necessária inclui facturas, listas de embalagem e o certificado fitossanitário.

7. **Licenças de importação**:

   o   Alguns países exigem licenças de importação, que devem ser obtidas pelo importador antes da expedição das sementes.

Processo de exportação de sementes

1. **Identificar os requisitos do país importador**: Pesquisar e cumprir os requisitos específicos do país de destino.

2. **Inspeção e certificação fitossanitária**: Obter um certificado fitossanitário junto da ONPF.

3. **Testes e certificação de sementes**: Efetuar os testes de sementes necessários e obter a certificação.

4. **Embalagem e rotulagem**: Assegurar que as sementes são corretamente embaladas e rotuladas.

5. **Declaração aduaneira**: Preparar e apresentar a documentação aduaneira necessária.

6. **Expedição**: Organizar o transporte e assegurar que todos os documentos acompanham a expedição.

Processo de importação de sementes

1. **Obter a licença de importação**: Se necessário, obter uma licença de importação da organização nacional de proteção das plantas.

2. **Rever a documentação do exportador**: Assegurar que todos os documentos necessários, incluindo o certificado fitossanitário, acompanham o envio.

3. **Desembaraço aduaneiro**: Apresentar os documentos necessários para o desalfandegamento e a inspeção.

4. **Inspeção fitossanitária**: A ONPF do país importador inspeccionará as sementes à chegada.

5. **Libertação e distribuição**: Uma vez libertadas, as sementes podem ser distribuídas ou plantadas de acordo com os regulamentos nacionais.

Desafios e considerações

- **Custos de conformidade**: Garantir a conformidade com os regulamentos internacionais e nacionais pode ser dispendioso e demorado.

- **Barreiras comerciais**: Os direitos aduaneiros, as quotas e as barreiras não pautais podem afetar o comércio de sementes.

- **Riscos de biossegurança**: A introdução de espécies ou doenças invasivas através da importação de sementes é uma preocupação significativa.

- **Propriedade intelectual**: A proteção dos direitos de propriedade intelectual relacionados com as variedades vegetais e a biotecnologia é fundamental.

Conclusão

A exportação e a importação de sementes são essenciais para a agricultura mundial, apoiando a biodiversidade, o melhoramento das culturas e a segurança alimentar. No entanto, é necessária uma adesão rigorosa aos regulamentos internacionais e nacionais para garantir a circulação segura e efectiva das sementes através das fronteiras.

Capítulo 5

PAPEL DAS AGÊNCIAS INTERNACIONAIS NA EXPORTAÇÃO E IMPORTAÇÃO DE SEMENTES

As agências internacionais desempenham um papel importante na regulação e facilitação da exportação e importação de sementes para garantir a segurança alimentar, a conservação da biodiversidade e a agricultura sustentável. Eis alguns dos principais papéis que normalmente desempenham:

1. **Normas regulamentares**: Agências internacionais como a Organização para a Alimentação e Agricultura (FAO) e a Convenção Internacional de Proteção das Plantas (IPPC) estabelecem normas e diretrizes para o comércio de sementes. Estas normas garantem que as sementes comercializadas além-fronteiras cumprem determinados requisitos de qualidade, segurança e fitossanitários.

2. **Medidas fitossanitárias**: Agências como a IPPC estabelecem medidas fitossanitárias para evitar a propagação de pragas e doenças através das sementes. Desenvolvem protocolos para o tratamento, inspeção e certificação de sementes para minimizar o risco de introdução de organismos nocivos em novos ecossistemas.

3. **Capacitação**: As agências internacionais fornecem frequentemente assistência técnica e programas de capacitação para ajudar os países a desenvolver as suas indústrias de sementes. Isto inclui formação na produção de sementes, controlo de qualidade e conformidade regulamentar para melhorar a sua competitividade no mercado global.

4. **Intercâmbio de informações**: Agências como a FAO facilitam a troca de informação e melhores práticas entre países relativamente à produção, reprodução e conservação de sementes. Isto ajuda os países a aprender com as experiências uns dos outros e a adotar abordagens inovadoras para a gestão de sementes.

5. **Resolução de conflitos**: Em casos de disputas ou desacordos relacionados com o comércio de sementes, as agências internacionais podem fornecer serviços

de mediação e arbitragem para resolver conflitos e garantir práticas comerciais justas e transparentes.

6. **Investigação e desenvolvimento**: Algumas agências internacionais financiam projectos de investigação e desenvolvimento destinados a melhorar a qualidade das sementes, a resiliência e a adaptabilidade às alterações climáticas. Estas iniciativas contribuem para o desenvolvimento de novas variedades de culturas que podem responder aos desafios emergentes na agricultura.

7. **Defesa de Políticas**: As agências internacionais defendem políticas que promovem o comércio sustentável de sementes e apoiam o acesso dos pequenos agricultores a sementes de qualidade. Podem também colaborar com os governos e outras partes interessadas para desenvolver quadros legais que facilitem a troca de sementes, salvaguardando a biodiversidade e os direitos dos agricultores.

De um modo geral, as agências internacionais desempenham um papel crucial na promoção de práticas responsáveis de comércio de sementes que equilibram os interesses dos agricultores, dos consumidores e do ambiente. Os seus esforços ajudam a garantir a disponibilidade de sementes de alta qualidade para a produção agrícola, minimizando os riscos para a segurança alimentar e a saúde dos ecossistemas.

Várias agências internacionais estão envolvidas na regulação e facilitação da exportação e importação de sementes para garantir a qualidade, segurança e conformidade com vários regulamentos. Algumas destas agências incluem:

1. **International Seed Testing Association (ISTA)**: A ISTA desenvolve regras acordadas internacionalmente para a amostragem e o ensaio de sementes e presta serviços de certificação da qualidade das sementes.

2. **Convenção Internacional de Proteção das Plantas (IPPC)**: Operada pela Organização das Nações Unidas para a Alimentação e a Agricultura (FAO), a IPPC estabelece normas para evitar a propagação de pragas e doenças através de plantas e produtos vegetais, incluindo sementes.

3. **União Internacional para a Proteção das Obtenções Vegetais (UPOV)**: A UPOV estabelece diretrizes para a proteção dos direitos dos obtentores de plantas, assegurando que as novas variedades de plantas, incluindo as sementes, são protegidas por direitos de propriedade intelectual.

4. **Organização Mundial do Comércio (OMC)**: A OMC supervisiona os acordos comerciais internacionais, incluindo os relacionados com a agricultura e as sementes, e resolve litígios comerciais entre os países membros.

5. **Federação Internacional de Sementes (ISF)**: A ISF representa a indústria de sementes a nível mundial e trabalha para facilitar o movimento internacional de sementes, promovendo simultaneamente a inovação, a investigação e o desenvolvimento da tecnologia de sementes.

6. **Comissão do Codex Alimentarius**: Este organismo internacional, criado conjuntamente pela Organização das Nações Unidas para a Alimentação e a Agricultura (FAO) e pela Organização Mundial de Saúde (OMS), desenvolve normas alimentares, diretrizes e códigos de prática para proteger a saúde dos consumidores e garantir práticas justas no comércio de alimentos, incluindo sementes utilizadas na alimentação.

7. **Organizações Nacionais de Proteção Fitossanitária (ONPFs)**: Cada país tem normalmente uma ONPF responsável pela implementação de regulamentos fitossanitários e inspecções relacionadas com a importação e exportação de sementes, muitas vezes de acordo com normas internacionais estabelecidas por organizações como a IPPC.

Estas agências e organizações colaboram para estabelecer normas, diretrizes e protocolos para o comércio internacional de sementes, garantindo que cumprem os requisitos fitossanitários, são de alta qualidade e cumprem as leis e regulamentos relevantes.

Capítulo 6

PAPEL DAS ORGANIZAÇÕES NACIONAIS NA EXPORTAÇÃO E IMPORTAÇÃO DE SEMENTES

As agências nacionais desempenham um papel crucial na regulação e facilitação da exportação e importação de sementes para garantir a qualidade, segurança e conformidade com os padrões nacionais e internacionais. Eis algumas das principais funções que normalmente desempenham:

1. **Conformidade regulamentar**: As agências nacionais estabelecem regulamentos e normas que regem a importação e exportação de sementes. Estes regulamentos abrangem frequentemente aspectos como os requisitos fitossanitários, a pureza genética, a rotulagem e as normas de embalagem.

2. **Certificação fitossanitária**: Emitem certificados fitossanitários para garantir que as sementes a exportar cumprem as normas exigidas e estão isentas de pragas e doenças que possam prejudicar os ecossistemas agrícolas.

3. **Garantia de qualidade**: As agências nacionais realizam inspecções e testes para verificar a qualidade e a pureza das sementes exportadas ou importadas. Podem também certificar a qualidade das sementes para facilitar o comércio.

4. **Facilitação do comércio**: Estas agências trabalham para facilitar o fluxo suave do comércio de sementes, fornecendo informação, orientação e assistência aos exportadores e importadores relativamente a requisitos regulamentares, documentação e procedimentos.

5. **Monitorização e aplicação**: As agências nacionais monitorizam as importações e exportações de sementes para garantir o cumprimento dos regulamentos. Podem realizar inspecções nos portos de entrada e intervir em casos de incumprimento ou suspeita de violação.

6. **Investigação e desenvolvimento**: Algumas agências nacionais desenvolvem actividades de investigação e desenvolvimento relacionadas com as sementes, incluindo programas de melhoramento, testes de variedades e desenvolvimento de tecnologias para aumentar a competitividade do sector das sementes.

7. **Colaboração Internacional**: Envolvem-se em colaborações e parcerias internacionais para harmonizar a regulamentação das sementes, trocar

informações e enfrentar desafios comuns relacionados com o comércio de sementes e a agricultura.

8. **Capacitação**: As agências nacionais fornecem frequentemente formação e iniciativas de capacitação para os intervenientes envolvidos na produção, processamento, e comércio de sementes para melhorar a sua compreensão dos requisitos regulamentares e das melhores práticas.

De um modo geral, as agências nacionais desempenham um papel crucial na salvaguarda da integridade do comércio de sementes, promovendo simultaneamente a produtividade agrícola, a segurança alimentar e o desenvolvimento sustentável

Na Índia, várias agências estão envolvidas na regulação e facilitação da exportação e importação de sementes, assegurando a adesão às normas de qualidade e o cumprimento dos requisitos regulamentares. Eis alguns dos principais organismos e as suas funções:

1. **Ministério da Agricultura e do Bem-Estar dos Agricultores**: O Ministério formula políticas e regulamentos relacionados com a exportação e importação de sementes na Índia. Supervisiona várias agências envolvidas no comércio de sementes e assegura o cumprimento das normas nacionais e internacionais.

2. **Departamento de Agricultura, Cooperação e Bem-Estar dos Agricultores (DACFW)**: Este departamento do Ministério da Agricultura desempenha um papel importante na formulação e implementação de políticas relacionadas com o comércio de sementes, incluindo regulamentos de exportação e importação.

3. **National Seeds Corporation (NSC)**: A NSC é uma empresa pública responsável pela produção e distribuição de sementes de qualidade. Desempenha um papel na exportação de sementes, assegurando que estas cumprem as normas internacionais e facilitando a sua exportação.

4. **Associação Nacional de Sementes da Índia (NSAI)**: A NSAI é um organismo que representa a indústria de sementes indiana. Trabalha em estreita colaboração com o governo para dar resposta às preocupações do sector, promover as exportações de sementes e assegurar o cumprimento da regulamentação.

5. **Agências de certificação de sementes**: Na Índia, a certificação de sementes é efectuada por agências estatais de certificação de sementes sob a supervisão do Ministério da Agricultura. Estas agências certificam as sementes para exportação, verificando a sua qualidade, pureza e cumprimento das normas regulamentares.

6. **Agências de certificação fitossanitária**: Estas agências, como a Autoridade de Quarentena Vegetal da Índia (PQAI) e os seus escritórios regionais, emitem certificados fitossanitários para a exportação de sementes. Asseguram que as sementes exportadas cumprem os requisitos fitossanitários para evitar a propagação de pragas e doenças.

7. **Conselhos de promoção das exportações**: Organizações como a Agricultural and Processed Food Products Export Development Authority (APEDA) promovem as exportações agrícolas indianas, incluindo sementes. Fornecem aos exportadores informações sobre o mercado, facilitam as negociações comerciais e organizam actividades promocionais.

8. **Autoridades aduaneiras**: As autoridades aduaneiras regulam a importação e exportação de sementes nos portos de entrada e saída. Asseguram o cumprimento dos direitos aduaneiros, tarifas e outros regulamentos comerciais.

9. **Institutos de investigação e universidades agrícolas**: Os institutos de investigação e as universidades agrícolas na Índia desempenham um papel no desenvolvimento de novas variedades de sementes, na realização de testes de qualidade e no fornecimento de conhecimentos técnicos aos exportadores de sementes.

Estas agências colaboram para assegurar o fluxo regular do comércio de sementes, salvaguardando simultaneamente a produtividade agrícola, a biodiversidade e a segurança alimentar na Índia.

Capítulo 7

PAPEL DA DIRECÇÃO-GERAL DO COMÉRCIO EXTERNO

A Direção-Geral do Comércio Externo (DGFT) desempenha um papel importante na regulação do comércio de sementes na Índia e na garantia do cumprimento da regulamentação do comércio internacional. Eis alguns dos principais papéis da DGFT no comércio de sementes:

1. **Formulação de políticas**: A DGFT formula políticas relacionadas com a importação e exportação de sementes em consulta com outros departamentos governamentais e partes interessadas. Estas políticas têm por objetivo promover o crescimento da indústria das sementes, assegurando simultaneamente o cumprimento das normas nacionais e internacionais.

2. **Licenciamento e registo**: A DGFT emite licenças e registos para os comerciantes e exportadores de sementes, assegurando que estes cumprem as normas de qualidade necessárias e respeitam a regulamentação pertinente. Esta medida ajuda a manter a integridade do comércio de sementes e a proteger os interesses dos produtores e dos consumidores.

3. **Conformidade regulamentar**: A DGFT supervisiona o cumprimento de vários regulamentos que regem o comércio de sementes, incluindo regulamentos fitossanitários, leis de direitos de propriedade intelectual (DPI) e acordos comerciais. Isto assegura que as sementes comercializadas internacionalmente cumprem as normas de qualidade, segurança e legais exigidas.

4. **Facilitação do comércio**: A DGFT facilita o comércio de sementes fornecendo as informações, diretrizes e apoio necessários aos comerciantes e exportadores. Isto inclui esclarecimentos sobre políticas comerciais, procedimentos para a obtenção de licenças de importação/exportação e assistência na resolução de questões relacionadas com o comércio.

5. **Controlo e aplicação da lei**: A DGFT monitoriza as actividades de comércio de sementes para evitar práticas comerciais ilegais ou não autorizadas, como o contrabando, a contrafação de produtos ou a violação dos direitos de propriedade intelectual. Toma medidas coercivas contra os infractores para manter a integridade do sistema de comércio de sementes.

6. **Promoção da exportação**: A DGFT toma iniciativas para promover a exportação de sementes indianas, facilitando o acesso ao mercado, organizando feiras comerciais, participando em fóruns internacionais e concedendo incentivos ou subsídios aos exportadores. Tal contribui para o crescimento da indústria das sementes e reforça a posição da Índia no mercado mundial das sementes.

De um modo geral, a DGFT desempenha um papel crucial na regulação, facilitação e promoção do comércio de sementes, a fim de garantir a sua sustentabilidade, integridade e contribuição para o desenvolvimento agrícola e a segurança alimentar.

Capítulo 8
POLÍTICA DE EXPORTAÇÃO E IMPORTAÇÃO DE SEMENTES NA ÍNDIA

A política de exportação e importação de sementes na Índia é regida por vários regulamentos e diretrizes para garantir a qualidade, a segurança e a conformidade com as normas internacionais. Eis uma panorâmica geral destas políticas:

Política de exportação de sementes na Índia

É regido pelo documento sobre a política de exportação e de importação (EXIM) para 2002-2007 e pelas alterações nele introduzidas. As restrições à exportação de todas as variedades de sementes cultivadas foram suprimidas *a partir* de 01.04.2002, com exceção das seguintes.

i. Variedades de reprodução, de fundação ou selvagens;

ii. Cebola, berseem, caju, nux vomica, borracha, estacas de pimenta, sândalo, açafrão, neem, espécies florestais e plantas ornamentais selvagens;

iii. Exportação de niger que é canalizada através do TRIFED, NAFED, etc.

iv. Amendoins, cujas exportações estão sujeitas ao registo obrigatório de contrato com a APEDA;

A exportação destas sementes é limitada e só é permitida caso a caso, mediante licença emitida pelo Diretor-Geral do Comércio Externo, com base nas recomendações do Ministério da Agricultura e da Cooperação.

Quadro regulamentar

1. **Direção-Geral do Comércio Externo (DGFT):** Supervisiona as políticas comerciais e emite o Código do Importador-Exportador (IEC).

2. **Plant Quarantine (Regulation of Import into India) Order, 2003:** Assegura que as sementes importadas estão isentas de pragas e doenças.

3. **Lei das Sementes, 1966:** Regula a qualidade das sementes vendidas na Índia e impõe normas de certificação e rotulagem.

Disposições fundamentais

- **Normas de qualidade**: As sementes devem cumprir as normas prescritas pela International Seed Testing Association (ISTA) e pela National Seed Association of India (NSAI).
- **Certificação fitossanitária**: Necessário para garantir que as sementes estão isentas de pragas e doenças.
- **Documentação**: Inclui licenças de exportação, Certificados Fitossanitários, Relatórios de Testes de Sementes, Facturas, Listas de Embalagem e Certificados de Origem.

Procedimento de exportação

1. Obter um CEI junto da DGFT.
2. Pedir uma autorização de exportação à Divisão de Sementes.
3. Assegurar que as sementes cumprem as normas de qualidade e obter os certificados necessários.
4. Apresentar o pedido com a documentação necessária.
5. Obter a inspeção e a aprovação da Divisão de Sementes.
6. Respeitar a regulamentação do país de importação.

Política de importação de sementes na Índia

As disposições relativas à importação de sementes e material de plantação são as seguintes

1. é permitida a importação de sementes/tubérculos/bulbos/estacas/plântulas de produtos hortícolas, flores e frutos sem licença, em conformidade com a autorização de importação concedida ao abrigo do Plant Quarantine (Order), 2003 e respectivas alterações.
2. a importação de sementes, materiais de plantação e plantas vivas pelo ICAR, etc. é autorizada sem licença, em conformidade com as condições especificadas pelo Ministério da Agricultura;
3. é permitida a importação de sementes/tubérculos de batata, alho, funcho, coentros, cominhos, etc., em conformidade com a licença de importação concedida ao abrigo do decreto relativo à qualidade dos produtos, de 2003.

4. é permitida a importação sem licença de sementes de trigo, centeio, cevada, aveia, milho, arroz, painço, jowar, bajra, ragi, outros cereais, soja, amendoim, linhaça, palmito, algodão, rícino, sésamo, mostarda, cártamo, trevo, jojoba, etc., sob reserva da nova política de desenvolvimento de sementes de 1988 e em conformidade com a licença de importação concedida ao abrigo do decreto relativo à qualidade das sementes de 2003

Quadro regulamentar

1. **Direção-Geral do Comércio Externo (DGFT)**: Gere as políticas comerciais e emite IEC.
2. **Ordem de Quarentena Vegetal (Regulamentação da Importação para a Índia), 2003**: Assegura que as sementes importadas estão isentas de pragas e doenças.
3. **Lei das Sementes, 1966**: Regula a qualidade das sementes vendidas na Índia, incluindo as sementes importadas.
4. **Lei da Diversidade Biológica, 2002**: Regula a importação de material genético.

Disposições fundamentais

- **Certificação fitossanitária**: Exigido pela autoridade competente do país exportador.
- **Normas de qualidade**: As sementes importadas devem respeitar as normas estabelecidas pela ISTA e pela NSAI.
- **Organismos geneticamente modificados (OGM)**: Exigir autorizações adicionais do Comité de Avaliação da Engenharia Genética (GEAC).
- **Documentação**: Inclui licenças de importação, Certificados Fitossanitários, Relatórios de Testes de Sementes, Facturas, Listas de Embalagem, Certificados de Origem e Contratos de Importação.

Procedimento de importação

1. Obter um CEI junto da DGFT.
2. Pedir uma licença de importação à Divisão de Quarentena Vegetal.

3. Assegurar que as sementes cumprem as normas de qualidade e obter os certificados necessários do país exportador.

4. Apresentar o pedido com a documentação necessária.

5. Obter a inspeção e a aprovação da Divisão de Quarentena Vegetal.

6. Assegurar o cumprimento da regulamentação indiana relativa à importação de sementes.

Considerações importantes

- **Requisitos fitossanitários**: Tanto os processos de exportação como de importação exigem o cumprimento rigoroso das normas fitossanitárias para evitar a propagação de pragas e doenças.

- **Normas de qualidade**: O cumprimento das normas ISTA e NSAI é obrigatório para garantir a qualidade das sementes.

- **Documentação**: A documentação correta e completa é crucial para o bom processamento das licenças.

- **Conformidade regulamentar**: É essencial cumprir a Lei das Sementes, de 1966, e outros regulamentos relevantes.

- **OGM**: São necessários regulamentos e aprovações especiais para as sementes geneticamente modificadas.

Procedimento de apuramento ao abrigo da política EXIM:

O documento sobre a política de exportação e de importação reitera que todas as importações de sementes e de material de plantação serão reguladas pelo decreto relativo à quarentena das plantas de 2003. As licenças de importação serão concedidas pela DGFT apenas com base nas recomendações do CAD. Uma pequena quantidade de sementes que se pretenda importar será entregue ao ICAR, ou a explorações agrícolas acreditadas pelo ICAR, para ensaio e avaliação durante uma época de colheita. Aquando da receção dos pedidos de importação comercial, o CAD analisará o relatório de ensaio/avaliação sobre o desempenho das sementes e a sua resistência às doenças transmitidas pelas sementes e pelo solo. O DAC deve rejeitar ou recomendar o pedido à DGFT para a concessão de uma licença de importação no prazo de 30 dias a contar da sua receção. Todos os importadores têm de colocar à disposição do ICAR, a preço de custo, uma pequena quantidade específica das sementes importadas para ensaio/adesão ao banco de genes do National Bureau of Plant Genetic Resources (NBPGR). A importação de sementes deve ser autorizada/rejeitada pelo conselheiro fitossanitário (PPA) após controlos de quarentena no prazo de três semanas. A remessa rejeitada tem de ser destruída. Durante a quarentena, a remessa importada é mantida num entreposto aduaneiro a expensas do importador. Aquando da importação de sementes e de material de revestimento, é necessário garantir que os procedimentos de quarentena fitossanitária não sejam comprometidos. Devem ser envidados todos os esforços para impedir a entrada na Índia de pragas, doenças e ervas daninhas exóticas que sejam prejudiciais aos interesses dos agricultores.

Foi constituído um Comité EXIM na Divisão de Sementes para tratar dos pedidos de exportação/importação de sementes e de material de plantação em conformidade com a nova política sobre o desenvolvimento das sementes e os regulamentos EXIM. O comité reúne-se mensalmente, sob reserva da tendência das propostas de importação/exportação de sementes e de material de plantação, analisa os pedidos e apresenta recomendações ao PPA/DGFT para a emissão de licenças de importação/exportação de sementes e de material de plantação.

Principais autoridades e recursos

- **Direção-Geral do Comércio Externo (DGFT)**: Sítio Web da DGFT
- **Departamento de Agricultura, Cooperação e Bem-Estar dos Agricultores**: Sítio Web do Departamento
- **Associação Nacional de Sementes da Índia (NSAI)**: Sítio Web da NSAI
- **Associação Internacional de Ensaios de Sementes (ISTA)**: Sítio Web da ISTA

A adesão a estas políticas garante que a importação e a exportação de sementes na Índia são conduzidas de forma a proteger a saúde agrícola, apoiar o comércio e promover o crescimento do sector agrícola. É aconselhável consultar especialistas em comércio agrícola e profissionais da área jurídica para navegar pelas complexidades destes regulamentos.

Capítulo 9

QUARENTENA VEGETAL NO COMÉRCIO DE SEMENTES

Restrição legal à circulação de produtos agrícolas para efeitos de exclusão, prevenção ou retardamento do estabelecimento de plantas, doenças ou parasitas na zona onde não estão presentes. A quarentena de plantas é uma técnica destinada a garantir plantas isentas de doenças e pragas, isolando-as até se confirmar que estão sãs. Assim, a quarentena de plantas é concebida como uma proteção segura contra pragas ou agentes patogénicos nocivos exóticos a um país ou a uma região e as plantas recentemente importadas são isoladas para garantir que não introduzem quaisquer parasitas estrangeiros. O termo "quarentena" pode referir-se à estação de quarentena propriamente dita ou ao processo de teste e purificação do material vegetal. Regra geral, o período de quarentena para o isolamento do material vegetal é de 40 dias.

Importância da quarentena de plantas:

❖ Atualmente, a quarentena de plantas é essencialmente um sistema de defesa, com base legal, contra a chegada de organismos exóticos, designados por pragas ou agentes patogénicos, que competem com os seres humanos em termos de alimentação, abrigo e saúde, ou que ameaçam o conforto e o bem-estar humanos.

❖ Várias pragas estrangeiras entraram no subcontinente no início dos anos vinte devido a um controlo de quarentena inadequado.

❖ A importância da Quarentena Vegetal aumentou devido à globalização e à liberalização do comércio internacional de plantas e material vegetal na sequência do Acordo Sanitário e Fitossanitário (SPS) no âmbito da OMC (Organização Mundial do Comércio).

❖ Ao regular/restringir a importação de plantas/produtos vegetais, o processo de quarentena do Pant impede a introdução e a propagação de pragas exóticas que são destrutivas para as culturas.

❖ Facilita o comércio mundial seguro no domínio da agricultura, ajudando os produtores e exportadores através de um sistema de certificados fitossanitários tecnicamente competente e fiável para satisfazer as exigências dos parceiros comerciais.

❖ Os agentes patogénicos de menor importância nos seus ambientes nativos podem ser destrutivos num novo ambiente, pelo que, ao isolar a planta durante um certo período, se preparam plantas frescas livres de doenças.

❖ A quarentena vegetal é vital para evitar a introdução de pragas e doenças não indígenas num país, ou para as intercetar e erradicar antes de se poderem generalizar e estabelecer bem.

A Quarentena Vegetal está equipada em 3 divisões:

1. **Quarentena doméstica**

   ❖ Restrição à entrada de plantas e material relacionado com plantas de um Estado para outro Estado, que está associada à produção de maquinaria do Estado.

   ❖ Há muitos materiais infectados que são proibidos de transportar para outros Estados para fins comerciais e de exportação, como:❖ Banana bunchy top virus (Assam, W.B., Kerala)

   ❖ Nemátodos de quisto da batata (distrito de Nilgiri de TN)❖ Sarna da maçã (JK e HP).

2. **Quarentena internacional;**

   ❖ Restrição legal de produtos vegetais e afins entre países para garantir materiais isentos de pragas e doenças.

3. **Embargo:**

   ❖ Proibição oficial do comércio ou de outras actividades comerciais com um determinado país

   ❖ Quando o risco de pragas é muito elevado e as medidas de proteção disponíveis no país não são adequadas e, por conseguinte, a importação é proibida.

Quarentena internacional:

◆ **Convenção Fitossanitária Internacional:** As Normas Internacionais para Medidas Fitossanitárias são preparadas pelo Secretariado da Convenção Internacional para a Proteção das Plantas como parte do programa global da Organização das Nações

Unidas para a Alimentação e a Agricultura de política e assistência técnica em quarentena vegetal.

❖ As normas, diretrizes e recomendações são feitas para alcançar a harmonização internacional das medidas fitossanitárias, com o objetivo de facilitar o comércio e evitar a utilização de medidas injustificáveis como barreiras ao comércio.

Convenção Internacional sobre a Proteção das Plantas (IPPC):

Convenção internacional sobre proteção fitossanitária O primeiro esforço no sentido de um acordo internacional sobre proteção fitossanitária foi feito em 1914, sob os auspícios do Instituto Internacional de Agricultura, em Roma. Seguiu-se uma Convenção Internacional sobre Proteção das Plantas, realizada em 1919 por mais de 50 países membros do Instituto, e foram concluídos alguns acordos relativos à emissão e aceitação de certificados fitossanitários. O projeto sofreu um revés devido à Segunda Guerra Mundial e foi mais tarde reativado pela FAO. No período pós-guerra, a ação internacional em matéria de proteção fitossanitária e, em especial, de quarentena vegetal foi incentivada pela FAO com a criação, em 1951, da Convenção Fitossanitária Internacional. Este acordo foi constituído com o objetivo de garantir uma ação comum e eficaz para evitar a introdução e a propagação de pragas e doenças das plantas e dos produtos vegetais e para incentivar os governos a tomarem todas as medidas necessárias para implementar a sua prevenção (Ling, 1953).

Nos termos do artigo 3º da Convenção Fitossanitária Internacional, o Acordo Fitossanitário para o Sudeste Asiático e a Região do Pacífico foi patrocinado pela FAO em 1956, tendo a Índia aderido a este acordo no mesmo ano, juntamente com a Austrália, o Sri Lanka, o Reino Unido, o Laos, os Países Baixos, a Indonésia, Portugal e o Vietname. O nosso Governo concordou em adotar medidas legislativas especificadas na Convenção com o objetivo de assegurar uma ação comum e eficaz para evitar a introdução e a propagação de pragas e doenças das plantas e dos produtos vegetais e promover medidas para o seu controlo, tendo também concordado em assumir todas as responsabilidades pelo cumprimento, no seu território, de todos os requisitos previstos na Convenção. Foi acordado que o Governo tomará providências para: a. Uma organização oficial de proteção das plantas, com as seguintes funções principais: 1. A inspeção de plantas em crescimento, de áreas cultivadas e de plantas e produtos vegetais armazenados e transportados, com o objetivo de comunicar a existência, o surto e a propagação de doenças e pragas das plantas e de controlar essas pragas e doenças. 2. A inspeção de remessas de plantas e produtos vegetais que circulam no tráfego internacional, a inspeção de remessas de outros artigos ou mercadorias que circulam no tráfego internacional em condições em que podem atuar incidentalmente como portadores de pragas e doenças de plantas e produtos vegetais e a inspeção e supervisão de instalações de armazenamento e transporte de todos os tipos envolvidos no tráfego internacional, quer de plantas e produtos vegetais quer de outras mercadorias, com o objetivo de evitar a disseminação através das fronteiras nacionais de pragas e doenças de plantas e produtos vegetais. 3. A desinfestação ou desinfeção de remessas de plantas e produtos vegetais que circulam no tráfego internacional, bem como dos respectivos contentores, locais de armazenamento ou instalações de transporte de qualquer tipo utilizados. 4. A emissão de certificados relativos ao estado fitossanitário e à origem das remessas de plantas e produtos vegetais (certificados fitossanitários). b. A distribuição de informações no país sobre as pragas e doenças das plantas e produtos vegetal e os meios para a sua prevenção e controlo. c. A investigação e a pesquisa no domínio da proteção das plantas. Em 1979, foi aprovado um texto revisto da convenção. Em dezembro de 1980, o número de Estados signatários da convenção era de 81. Para além desta convenção mundial, foram criados outros acordos e organizações regionais para salvaguardar os interesses de grupos de países vizinhos com problemas fitossanitários semelhantes. É necessária uma ação regional para evitar que um agente patogénico ou uma praga ausente de toda uma zona seja introduzido em qualquer parte da zona, uma vez que a sua entrada num território porá em perigo os países vizinhos.

A Convenção Fitossanitária Internacional (CFI) é um acordo fitossanitário internacional que visa proteger as plantas cultivadas e selvagens, impedindo a introdução e a propagação de pragas. As viagens e o comércio internacionais são maiores do que nunca. À medida que as pessoas e as mercadorias circulam pelo mundo, os organismos que apresentam riscos para as plantas viajam com elas. Organização ' Há mais de 180 partes contratantes na IPPC. ' Cada parte contratante tem uma organização nacional de proteção das plantas (NPPO) e um ponto de contacto oficial da IPPC. ' Nove organizações regionais de proteção fitossanitária (RPPO) trabalham para facilitar a implementação da IPPC nos países. ' A IPPC estabelece contactos com organizações internacionais relevantes para ajudar a desenvolver as capacidades regionais e nacionais. ' O Secretariado é assegurado pela Organização das Nações Unidas para a Alimentação e a Agricultura (FAO).

❖ A CIPV é um tratado multilateral de cooperação internacional no domínio da proteção das plantas. ❖ Foi criada em 1952. ❖ Sede: Roma, Itália.

❖ 182 países do mundo são seus membros.

❖ Trabalho da IPPC: Trabalha em: - normas relativas à análise do risco de pragas. - Requisitos para o estabelecimento de zonas indemnes de pragas. - E outras que fornecem orientações específicas sobre temas relacionados com o Acordo SPS.

NPPO

A Índia é um país membro signatário da Convenção Fitossanitária Internacional (CFI). A DPPQS é a Organização Nacional de Proteção Fitossanitária (NPPO) da Índia. Assume todas as responsabilidades fitossanitárias para a exportação de produtos agrícolas, fornecendo contributos técnicos para obter acesso ao mercado externo, inspeção fitossanitária, tratamento, certificação, etc., para promover o comércio seguro.

Estações de quarentena de plantas na Índia:

❖ Estação Nacional de Quarentena Vegetal (NPQS), Rangpuri, Nova Deli

❖ Estações regionais de quarentena de plantas: Amritsar, Chennai, Calcutá, Mumbai

❖ 75 Pontos de entrada notificados em vários - Portos marítimos (42) - Bhawnagar, Kandla, Mumbai, Vishakhapatnam, etc. - Aeroportos (19) - Amritsar, Deli, Mumbai, Calcutá, Chennai, etc. - Fronteiras terrestres (14) - Hussainwala, Kalingpong, Bangaon, Attari Wagha, etc.

❖ 65 Depósitos de contentores interiores.

❖ 11 Correios estrangeiros.

Regulamentos de exportação

Na Índia, as medidas de quarentena vegetal para a exportação de plantas e material, incluindo sementes, foram simplificadas e são aplicadas inspecções rígidas antes de o material ser autorizado a desembarcar no país. Atualmente, a regulamentação em matéria de quarentena vegetal difere de país para país no que respeita aos principais produtos agrícolas exportados para fora da Índia. O Governo Central autorizou funcionários da Direção de Proteção Fitossanitária, Quarentena e Armazenamento, dos Institutos de Investigação ICAR, dos Institutos Nacionais como o Instituto de Investigação Florestal, do Serviço Botânico da Índia e das Direcções de Agricultura de todos os Estados. As autoridades de quarentena também estabeleceram os termos e condições relativos à inspeção, fumigação ou desinfeção das plantas e do material vegetal exportáveis na Índia, incluindo a seguinte tabela e/ou taxa para a inspeção e emissão do certificado fitossanitário e/ou fumigação ou desinfeção de plantas, material vegetal, sementes e produtos vegetais para a emissão do certificado fitossanitário. Todos os vegetais e materiais vegetais são submetidos a uma inspeção pelos funcionários que emitem o certificado. Os materiais infestados recebem o tratamento necessário com produtos químicos e são fumigados se necessário. A lista das estações de quarentena e fumigação de plantas na Índia é a seguinte Punjab 1. Estação de Quarentena e Fumigação de Plantas, Hussainiwala, distrito de Ferozepur. 2. Estação de quarentena e fumigação de plantas, Attari - Wagah Border, perto de Attari Bus Stand, Attari, distrito de Ferozepur. 3. Estação de Quarentena e Fumigação de Plantas, Aeródromo Civil, Rajasansi, Amritsar. Nova Deli 1. Estação de Quarentena e Fumigação de Plantas, Aeroporto de Palam, Nova Deli - 10. 2. Estação de Quarentena e Fumigação de Plantas, Garden Reach Road, Calcutá-24. 3. Estação de Quarentena e Fumigação de Plantas de Sukhiapokri, distrito de Darjeeling. Gujarat 1) Estação de Quarentena e Fumigação de Plantas, Haryana Plot No.75, Behind Yusuf Bagh. Bhavnagar. Maharashtra 1. Estação de Quarentena e Fumigação de Plantas, Haji Bunder Road, Sewri, Mumbai Andhra Pradesh 1. Estação de Quarentena e Fumigação de Plantas, The Harbour, Visakhapatnam - 1. Tamil Nadu 1. Estação de Quarentena e Fumigação de Plantas, 6, Clive Battery, Chennai - 1. 2. Estação de Quarentena e Fumigação de Plantas, 335, Beach Road, Tuticorin - 1. 3. Estação de Quarentena e Fumigação de Plantas, Aeroporto de Tiruchirappalli, Tiruchirappalli. 4. Estação de Quarentena e Fumigação de Plantas, 110, Railway Feeder Road, Rameswaram. Kerala 1. Estação de Quarentena Vegetal e Fumigação, Willingdon Island, Cochin

Certificado fitossanitário

O certificado fitossanitário ou sanitário é um certificado que deve acompanhar uma planta, um material vegetal ou uma semente que vai ser transportada de um local para outro. Este certificado indica ou certifica que o material em trânsito está isento de pragas ou doenças. Um modelo de certificado fitossanitário proposto na consulta governamental sobre a Convenção Fitossanitária Internacional em Roma, em 1976 (Chock, 1977) e aprovado pela F.A.O. em 1979

Os certificados fitossanitários podem ter um prazo de validade limitado. A segurança fitossanitária das remessas pode ser perdida após a emissão dos certificados fitossanitários. A ONPF do país exportador ou do país importador pode adotar as disposições pertinentes.

existem dois tipos de certificados: um "certificado fitossanitário" para efeitos de exportação e um "certificado fitossanitário de reexportação" para efeitos de reexportação.

O certificado fitossanitário para exportação é geralmente emitido pela ONPF do país de origem. Um certificado fitossanitário de exportação descreve a remessa e, através de uma declaração de certificação, declarações adicionais e registos de tratamento, declara que a remessa cumpre os requisitos fitossanitários de importação. Pode também ser emitido um certificado fitossanitário de exportação em determinadas situações de reexportação de vegetais, produtos vegetais e outros artigos regulamentados originários de países que não o país de reexportação, se o cumprimento dos requisitos fitossanitários de importação puder ser atestado pelo país de reexportação (por exemplo, através de inspeção). O certificado fitossanitário de reexportação pode ser emitido pela ONPF do país de reexportação se o produto da remessa não tiver sido cultivado ou transformado de forma a alterar a sua natureza nesse país e apenas se estiver disponível um certificado fitossanitário de exportação original ou uma cópia autenticada. O certificado fitossanitário de reexportação estabelece a ligação com o certificado fitossanitário emitido no país de exportação e tem em conta quaisquer alterações do risco de pragas associadas à remessa que possam ter ocorrido no país de reexportação.

Os procedimentos de gestão da emissão dos dois tipos de certificados fitossanitários e os sistemas que garantem a sua legitimidade são os mesmos.

Medidas sanitárias e fitossanitárias (SPS)

As medidas sanitárias e fitossanitárias (SPS) são medidas de quarentena e de biossegurança aplicadas para proteger a vida ou a saúde humana, animal ou vegetal dos riscos decorrentes da introdução, do estabelecimento e da propagação de pragas e doenças, bem como dos riscos decorrentes de aditivos, toxinas e contaminantes presentes nas sementes e em quaisquer outros materiais vegetais.

O Acordo sobre a Aplicação de Medidas Sanitárias e Fitossanitárias (o "Acordo SPS") entrou em vigor com a criação da Organização Mundial do Comércio em 1 de janeiro de 1995. Diz respeito à aplicação da regulamentação em matéria de segurança alimentar e de saúde animal e vegetal.

Estas medidas são regidas pelo Acordo sobre a Aplicação de Medidas Sanitárias e Fitossanitárias (Acordo SPS) da Organização Mundial do Comércio (OMC) e pelo seu Comité de Medidas Sanitárias e Fitossanitárias (Comité SPS).

O Acordo SPS estabelece um quadro de regras para orientar os membros da OMC no desenvolvimento, adoção e aplicação de medidas sanitárias (vida ou saúde humana ou animal) e fitossanitárias (vida ou saúde vegetal) que possam afetar o comércio.

Todos os membros da OMC são obrigados a respeitar os princípios e as obrigações do acordo SPS.

O Acordo SPS confere aos membros da OMC o direito de utilizar medidas SPS para proteger a vida ou a saúde humana, animal ou vegetal. Cada membro da OMC tem o direito de manter um nível de proteção que considere adequado para proteger a vida ou a saúde humana, animal ou vegetal no seu território. Este nível é designado por nível de proteção adequado (ALOP).

O direito de adotar medidas SPS é acompanhado de obrigações destinadas a minimizar os impactos negativos das medidas SPS no comércio internacional. As obrigações básicas são que as medidas SPS devem

- ser aplicadas apenas na medida do necessário para proteger a vida ou a saúde humana, animal ou vegetal e não ser mais restritivas do que o necessário;
- basear-se em princípios científicos e não ser mantido sem provas científicas suficientes; e

- não constitua um tratamento arbitrário ou injustificável ou uma restrição dissimulada ao comércio internacional.

O Comité SPS supervisiona a aplicação do Acordo SPS e proporciona um fórum de discussão sobre medidas de saúde animal e vegetal e de segurança alimentar que afectam o comércio. O Comité SPS reúne-se três vezes por ano e proporciona um fórum para que todos os membros da OMC discutam a aplicação do Acordo SPS, incluindo a partilha das suas experiências, a apresentação de preocupações sobre as actividades de outros membros e o desenvolvimento de novas orientações sobre a aplicação do Acordo SPS.

Procedimentos Operacionais Normalizados para a Inspeção das Exportações e Certificação Fitossanitária

A Unidade de Inspeção das Exportações e Certificação Fitossanitária da Divisão PQ do Dte do PPQS (NPPO) terá mandato legal e autoridade administrativa para o controlo e a emissão de certificados fitossanitários pelos gabinetes do PQS e por vários outros organismos governamentais centrais/estatais notificados periodicamente pelo Ministério da Agricultura (Department of Agriculture & Cooperation). A Unidade de Inspeção das Exportações e Certificação Fitossanitária será responsável pelas suas acções e aplicará salvaguardas contra conflitos de interesses e utilização/emissão fraudulenta de certificados. A Unidade de Inspeção das Exportações e de Certificação Fitossanitária terá igualmente competência legal para impedir a exportação de remessas que não satisfaçam os requisitos fitossanitários do país importador e para tomar as medidas adequadas em caso de comunicação de não conformidades pelo país importador, bem como para cumprir as obrigações internacionais ao abrigo da CFI e do Acordo OMC-SPS.

O Dte do PPQS (NPPO) será globalmente responsável por

- ✓ gestão do sistema nacional de certificação fitossanitária que garanta o cumprimento de todos os requisitos, incluindo as especificações de certificação e os requisitos legislativos e administrativos
- ✓ designará um técnico de alto nível para dirigir a unidade de inspeção das exportações e de certificação fitossanitária;

✓ identificar as funções e a linha de comunicação de todo o pessoal autorizado a emitir certificados fitossanitários e as responsabilidades de supervisão dos tratamentos;

✓ assegurar a disponibilidade de pessoal e de recursos adequados, com formação e competência, tanto nos serviços do SQP como nos outros organismos notificados do governo central e estatal aos quais foi confiada a responsabilidade da certificação fitossanitária, para a realização das seguintes funções - manutenção de informações sobre os actuais requisitos fitossanitários do país importador; - elaboração de orientações/procedimentos/instruções operacionais para garantir o cumprimento dos requisitos fitossanitários do país importador; - inspeção e ensaio de remessas e outros artigos regulamentados; - identificação de organismos encontrados durante a inspeção de remessas e outros artigos regulamentados; - verificação da autenticidade e da integridade dos procedimentos fitossanitários; - preenchimento e emissão de certificados fitossanitários; - armazenamento e recuperação de documentos; - formação; - divulgação de informações relacionadas com a certificação; - fornecimento de informações técnicas para obter acesso ao mercado e desenvolvimento de protocolos fitossanitários bilaterais, se necessário.

O sistema nacional de certificação das exportações disporá de mão de obra qualificada e com formação adequada para tratar eficazmente o volume de remessas processadas para inspeção das exportações e certificação fitossanitária. A Unidade de Inspeção das Exportações e de Certificação Fitossanitária do Dte do PPQS (NPPO) decidirá o número de efectivos tecnicamente formados/qualificados necessários em cada local e analisará periodicamente as necessidades em termos de recursos humanos, cursos de reciclagem para os inspectores e também formação especializada para os peritos técnicos que gerem os laboratórios de entomologia, fitopatologia, nematologia e testes fitossanitários de sementes e ciência das infestantes, em consulta com os organismos de certificação fitossanitária notificados pelo Estado/governo central em . O Dte do PPQS procederá a uma análise imediata dos organismos de certificação fitossanitária existentes notificados pelo Estado/governo central, a fim de avaliar as suas capacidades técnicas e capacidades e infra-estruturas para a realização da certificação fitossanitária e fazer recomendações adequadas ao Ministério da Agricultura

(Departamento de Agricultura e Cooperação) para o seu reforço, com vista à aplicação efectiva destes PON.

Além disso, qualquer notificação de organismos adicionais do Governo central/estatal para efeitos de certificação fitossanitária basear-se-á na avaliação das capacidades técnicas e das instalações de infra-estruturas para realizar a inspeção das exportações e a certificação fitossanitária por uma equipa de peritos nomeada pelo Dte. Além disso, a acreditação fitossanitária das empresas de sementes para a amostragem de sementes, a inspeção das culturas e os ensaios de saúde das sementes será realizada em conformidade com os procedimentos prescritos no "Phytosanitary Accreditation Manual for Seed" elaborado pelo Dte of PPQS (NPPO) e aprovado pelo Ministério da Agricultura (Department of Agriculture & Cooperation).

E-Certificação fitossanitária

ePhyto é a abreviatura de "electronic phytosanitary certificate" (certificado fitossanitário eletrónico). ePhyto é o equivalente eletrónico de um certificado fitossanitário em papel (ISPM 12). O ePhyto foi implementado na Índia a partir de 01.03.2023 pela nossa ONPF.

O ePhyto é produzido, transmitido e recebido em XML. Trata-se de uma linguagem informática reconhecida internacionalmente. O seu formato é legível por máquina, mas pode ser facilmente convertido para um formato mais fácil de utilizar, como um ficheiro PDF. É normalizado para permitir a comunicação entre diferentes sistemas informáticos através da Internet. É uma das linguagens informáticas mais utilizadas para partilhar informações estruturadas.

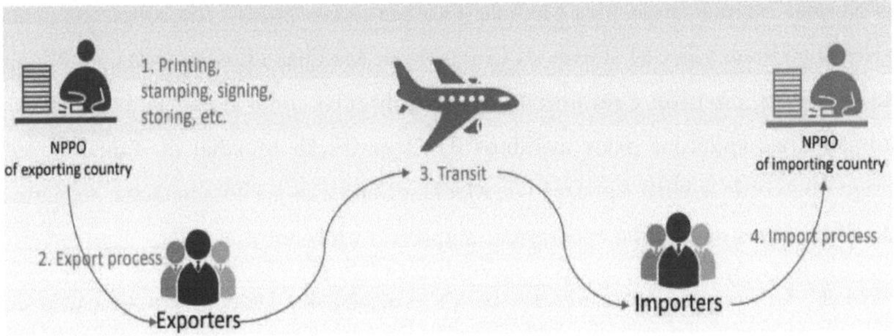

Fig: Fluxograma

Benefício de e phyto

O desalfandegamento das mercadorias é mais rápido. - O risco de fraude/certificados falsos é reduzido. - O risco de perda ou dano do certificado é minimizado. - Os custos de papel e de envio são reduzidos. -As OPNP dos países importadores podem resolver os problemas de certificação antes da chegada dos produtos. - A eficiência é melhorada através da redução da introdução e validação de dados.

Normas Internacionais para Medidas Fitossanitárias (ISPM)

As Normas Internacionais para Medidas Fitossanitárias são preparadas pelo Secretariado da Convenção Fitossanitária Internacional como parte do programa global da Organização das Nações Unidas para a Alimentação e a Agricultura de política e assistência técnica em quarentena vegetal. Este programa disponibiliza aos membros da FAO e a outras partes interessadas estas normas, diretrizes e recomendações para alcançar a harmonização internacional das medidas fitossanitárias, com o objetivo de facilitar o comércio e evitar a utilização de medidas injustificáveis como barreiras ao comércio.

As Normas Internacionais para Medidas Fitossanitárias (NIMF) são adotadas pelas partes contratantes da CFI através da Comissão de Medidas Fitossanitárias. As NIMF são as normas, diretrizes e recomendações reconhecidas como a base para as medidas fitossanitárias aplicadas pelos membros da Organização Mundial do Comércio ao abrigo do Acordo sobre a Aplicação de Medidas Sanitárias e Fitossanitárias. As partes não contratantes da CFI são encorajadas a observar estas normas.

ISPM n.º 1 Princípios fitossanitários para a proteção dos vegetais e a aplicação de medidas fitossanitárias no comércio internacional

Diretrizes ISPM n.º 2 para a análise do risco de pragas.

ISPM n.º 3 Diretrizes para a exportação, expedição, importação e libertação de agentes de controlo biológico e outros organismos benéficos

ISPM n.º 4 Requisitos para o estabelecimento de zonas indemnes de pragas

ISPM N.º 5 Glossário de termos fitossanitários

ISPM n.º 6 Diretrizes para a vigilância

Sistema de certificação das exportações ISPM n.º 7

ISPM n.º 8 Determinação do estatuto de praga numa zona

ISPM n.º 9 Diretrizes para programas de erradicação de pragas

N.º 10 da NIMF Requisitos para o estabelecimento de locais de produção indemnes de pragas e de locais de produção indemnes de pragas.

ISPM n.º 11 (2004) Análise do risco de pragas de quarentena, incluindo a análise dos riscos ambientais e dos organismos vivos modificados

ISPM n.º 12 (2001) Diretrizes para os certificados fitossanitários

ISPM n.º 13 (2001) Diretrizes para a notificação de incumprimentos e acções de emergência

ISPM N.º 14 (2002) Utilização de medidas integradas numa abordagem sistémica para a gestão do risco de pragas ISPM N.º 15 (2002) com alterações ao Anexo I (2006) Diretrizes para a regulamentação dos materiais de embalagem de madeira no comércio internacional

ISPM nº 16 (2002) Pragas regulamentadas não quarentenárias: conceito e aplicação

ISPM n.º 17 (2002) Comunicação de pragas

ISPM n.º 18 Diretrizes para a utilização da irradiação como medida fitossanitária

ISPM n.º 19 Diretrizes sobre listas de pragas regulamentadas

ISPM n.º 20 Diretrizes para um sistema de regulamentação das importações fitossanitárias

N.º 21 da NIMF Análise do risco de pragas para pragas regulamentadas não sujeitas a quarentena

ISPM n.º 22 Requisitos para o estabelecimento de zonas de baixa prevalência de pragas

ISPM n.º 23 Diretrizes para a inspeção

ISPM n.º 24 Diretrizes para a determinação e o reconhecimento da equivalência de medidas fitossanitárias

297 N.º 25 ISPM Remessas em trânsito

ISPM N.º 26) Estabelecimento de zonas indemnes de moscas da fruta (Tephritidae)

ISPM n.º 27 Protocolos de diagnóstico para pragas regulamentadas

ISPM nº 28Tratamento fitossanitário de pragas regulamentadas

Taxa de inspeção à exportação e encargos de fumigação

Volume de mercadorias	Taxa de inspeção	Taxas de fumigação ou desinfeção
Menos de 1,5 cu. m	Re. 1/-	Rs. 6/-
1,5 cu. m. e superior	Re. 1/- extra por cada 3,0 m3 adicionais ou fração, até um máximo de 100 Rs. por remessa.	2 rúpias por cada 1,5 metros cúbicos suplementares ou fração

Calendários de apuramento

É necessário um período mínimo de 8-10 dias ou mais para a certificação das remessas de sementes. Já os produtos perecíveis, tais como plantas de viveiro, culturas de tecidos, frutos frescos, flores cortadas, etc., são certificados num período máximo de 24-48 horas e as remessas que requerem fumigação são certificadas no prazo de 3 dias.

Quarentena de plantas Apuramento

Desembaraço personalizado

As alfândegas só devem libertar as remessas depois de obterem o desalfandegamento PQ.

Exigência de documentos

1. formulário de candidatura (PQ-15)
2. CPS do país de exportação

3. Fatura de entrada

4. Carta de desembarque

5. Fatura comercial

6. Lista de embalagens

7. Eventual acordo contratual

Capítulo-10

MEDIDAS FITOSSANITÁRIAS NO COMÉRCIO INTERNACIONAL DE SEMENTES

A certificação de quarentena de plantas ajuda a minimizar o risco de propagação de doenças das plantas, insectos nocivos, ervas daninhas, etc., uma vez que o volume de comércio e transporte aumenta de dia para dia a nível mundial. É frequente encontrar pragas perigosas em muitos países. A certificação da agência de quarentena vegetal pode impedir a entrada de tais pragas perigosas, insectos, ervas daninhas, etc. no país importador. O certificado de não objeção (NOC) do departamento de quarentena vegetal é um dos requisitos para a importação de alguns produtos.

Inicialmente, o importador tem de registar o pedido junto do organismo governamental competente do país importador. O importador ou o seu agente deve apresentar um pedido relativo a cada carga imediatamente após a chegada ou antecipadamente, no caso de remessas perecíveis, ao funcionário responsável pela estação de quarentena vegetal no ponto de entrada notificado, juntamente com os seguintes anexos Original da licença de importação (cópia do importador), certificado fitossanitário (original) emitido no país de origem ou formato PSC-Re-exportação, guia de entrada das alfândegas (devidamente endossada), guia de remessa/aérea, fatura e lista de embalagem, certificado de fumigação (se necessário), certificado de origem e conhecimento de embarque.

O passo seguinte é obter a inspeção/amostragem do produto/ensaio de laboratório. O importador tem de organizar a inspeção/amostragem da remessa na data e hora previstas, no local prescrito, pelo funcionário de quarentena vegetal nomeado, em conformidade com a ordem de quarentena emitida. Após a inspeção, segue-se o processo de fumigação. O importador ou o seu agente deve providenciar a fumigação das remessas por operadores de controlo de pragas aprovados, a expensas suas, sob a supervisão do funcionário do departamento. No entanto, no caso de remessas que se encontrem infestadas com parasitas vivos, o desalfandegamento só será autorizado após fumigação e reinspecção. É emitida uma ordem de detenção relativamente a remessas que se encontrem infestadas ou infectadas com parasitas de quarentena ou importadas em contravenção com a regulamentação em matéria de quarentena vegetal, a fim de organizar a sua deportação, caso contrário serão destruídas a expensas do importador.

A inspeção das exportações e a certificação fitossanitária das plantas e dos produtos vegetais são efectuadas em conformidade com a Convenção Fitossanitária Internacional (CFI) para cumprir as obrigações legais dos países membros. Os certificados fitossanitários são emitidos nos modelos estabelecidos no âmbito da Convenção Fitossanitária Internacional (CFI), em conformidade com a regulamentação em vigor do país importador. Esses certificados são emitidos após uma inspeção e tratamento cuidadosos das plantas e produtos vegetais por funcionários tecnicamente qualificados e devidamente autorizados no país de exportação e devem incluir declarações adicionais que possam ser exigidas pelo país importador, bem como informações sobre o tratamento, se for caso disso, dado pelo funcionário devidamente autorizado. Ao encetar negociações comerciais (carta de crédito (LC) ou acordo, etc.), o exportador deve certificar-se de que o contrato celebrado com o importador reflecte a regulamentação em vigor em matéria de quarentena vegetal no que respeita à mercadoria exportada do país importador ou uma cópia da autorização emitida pelo país importador, sempre que aplicável.

O certificado fitossanitário é emitido de acordo com os requisitos do país importador, devidamente reflectidos no contrato ou na autorização emitida pelo país importador.

O certificado fitossanitário é uma declaração oficial que atesta que as plantas e o material vegetal exportados estão isentos de pragas e doenças, de modo a impedir a introdução e a propagação de quaisquer pragas nos países importadores.

Os procedimentos de certificação fitossanitária são realizados de acordo com as diretrizes da Organização Nacional de Proteção das Plantas (NPPO) ou das autoridades equivalentes de um país, certificando o cumprimento dos requisitos fitossanitários de importação.

Cada país concebeu determinados parâmetros para satisfazer as exigências fitossanitárias dos países estrangeiros, em conformidade com as diretrizes do acordo da OMC, que é parte integrante da lei final do Acordo Geral sobre Pautas Aduaneiras e Comércio GATT 1994 no que diz respeito à proteção da segurança ou da saúde humana, à proteção da vida ou da saúde animal e vegetal e também à proteção do ambiente.

Os objectivos dos requisitos sanitários e fitossanitários (SPS) são os seguintes

(a) Proteger a vida ou a saúde animal ou vegetal no território do membro contra os riscos decorrentes da entrada, do estabelecimento ou da propagação de pragas, doenças e organismos portadores de doenças;

(b) Proteger a vida ou a saúde humana ou animal no território do membro contra riscos decorrentes de aditivos, contaminantes, toxinas ou organismos causadores de doenças presentes em géneros alimentícios, bebidas ou alimentos para animais;

(c) Proteger a vida ou a saúde humana no território do membro contra riscos decorrentes de doenças transmitidas por animais, plantas ou produtos derivados, ou da entrada, estabelecimento ou propagação de pragas; ou

(d) Para evitar ou limitar outros danos no território do membro decorrentes da entrada, estabelecimento ou propagação dos parasitas.

Capítulo 11

PROCEDIMENTO DE CERTIFICAÇÃO FITOSSANITÁRIA

A certificação fitossanitária é um processo crucial no comércio internacional de sementes, garantindo que estas estão isentas de pragas e doenças e cumprem os requisitos regulamentares do país importador. Eis um procedimento pormenorizado para a obtenção de um certificado fitossanitário para sementes:

Procedimento para a certificação fitossanitária normalizada

1. **Compreender os requisitos do país importador:**
   - o Pesquise e compreenda os requisitos fitossanitários específicos do país importador. Estes podem incluir restrições de pragas e doenças, requisitos de tratamento e necessidades de documentação.
   - o Obter a licença de importação do país importador, se necessário. Esta autorização indica frequentemente as condições fitossanitárias específicas que devem ser respeitadas.

2. **Preparação para a inspeção:**
   - o Assegurar que as sementes são armazenadas e manuseadas em condições que minimizem a contaminação e a infestação de pragas.
   - o Preparar a documentação necessária, como a fatura comercial, a lista de embalagem e os resultados de testes anteriores que indiquem a saúde e a qualidade das sementes.

3. **Contactar a Organização Nacional de Proteção das Plantas (ONPF):**
   - o Solicitar uma inspeção à ONPF do seu país. Esta organização é responsável pela realização das inspecções fitossanitárias e pela emissão dos certificados.
   - o Marque a inspeção com bastante antecedência para evitar atrasos.

4. **Inspeção e amostragem de sementes:**
   - o O inspetor da RPNP visitará o local onde as sementes estão armazenadas.
   - o O inspetor examinará as sementes, as instalações de armazenamento e a embalagem para verificar a conformidade com as normas fitossanitárias.

- o Podem ser recolhidas amostras das sementes para testes laboratoriais de controlo de pragas, doenças e outros contaminantes regulamentados.

5. **Testes laboratoriais**:

- o As amostras recolhidas são enviadas para um laboratório acreditado para serem analisadas.
- o Os testes são efectuados para identificar a presença de pragas, doenças e outros organismos nocivos, tal como especificado pela regulamentação do país importador.
- o Os testes incluem também a verificação da qualidade, pureza e taxa de germinação das sementes.

6. **Emissão do certificado fitossanitário**:

- o Se as sementes passarem na inspeção e nos testes, a ONPF emitirá um certificado fitossanitário.
- o O certificado incluirá pormenores como o tipo e a quantidade de sementes, os resultados da inspeção, os tratamentos aplicados (se for caso disso) e a confirmação de que as sementes cumprem os requisitos fitossanitários do país importador.
- o O certificado fitossanitário deve ser emitido o mais próximo possível da data de expedição, normalmente no prazo de 14 dias, para garantir a sua validade.

7. **Tratamento e reinspecção (se necessário)**:

- o Se forem detectadas pragas ou doenças durante a inspeção inicial ou os testes, podem ser necessários tratamentos como a fumigação, o tratamento térmico ou tratamentos químicos.
- o Após o tratamento, as sementes podem ter de ser novamente inspeccionadas e testadas para garantir que cumprem as normas exigidas.

8. **Documentação e manutenção de registos**:

- o Manter registos pormenorizados do processo de inspeção, ensaio e certificação.
- o Assegurar que toda a documentação, incluindo o certificado fitossanitário, acompanha a expedição para o país importador.

Principais documentos envolvidos

- **Fatura comercial**: Fatura detalhada das sementes expedidas.
- **Lista de embalagem**: Detalhes do conteúdo e da embalagem da remessa.
- **Certificado fitossanitário**: Certificado emitido pela ONPF que atesta que as sementes cumprem os requisitos fitossanitários.
- **Relatórios de testes de sementes**: Relatórios de laboratório que indicam a saúde, a qualidade e as taxas de germinação das sementes.
- **Licença de importação**: Autorização do país importador que especifica as condições fitossanitárias.

Melhores práticas

- **Monitorização regular**: Monitorizar e manter regularmente a saúde dos lotes de sementes para garantir a conformidade com as normas fitossanitárias.
- **Laboratórios acreditados**: Utilizar laboratórios acreditados para os ensaios, a fim de garantir a exatidão e a aceitação dos resultados dos ensaios.
- **Comunicação clara**: Manter uma comunicação clara com a NPPO e as autoridades reguladoras do país importador para se manter atualizado sobre quaisquer alterações nos requisitos fitossanitários.
- **Processamento atempado**: Iniciar o processo de certificação com antecedência para acomodar a inspeção, os testes e os potenciais tratamentos sem atrasar a expedição.

Ao aderir a estes passos, os exportadores podem garantir que as suas sementes são certificadas como isentas de pragas e doenças, facilitando o comércio internacional e o cumprimento dos regulamentos dos países importadores.

Procedimento de certificação fitossanitária na Índia

O procedimento para a emissão de um certificado fitossanitário na Índia é regido pela Direção de Proteção Fitossanitária, Quarentena e Armazenamento do Ministério da Agricultura e do Bem-Estar dos Agricultores. O certificado fitossanitário garante que as plantas e os produtos vegetais exportados da Índia cumprem os requisitos fitossanitários do país importador. Segue-se uma descrição passo a passo do procedimento:

1. Apresentação da candidatura:

- **Pedido em linha:** Os exportadores devem apresentar o pedido em linha através do portal do Sistema de Informação sobre Quarentena Vegetal (PQIS).
- **Documentos necessários:** O pedido deve incluir os documentos necessários, tais como a fatura, a lista de embalagem e a licença de importação (se exigida pelo país importador).

2. Pedido de inspeção:

- **Pedido de inspeção:** O exportador deve solicitar uma inspeção através do PQIS, especificando a data, a hora e o local da inspeção.
- **Apresentação da amostra:** Deve ser disponibilizada uma amostra representativa da remessa para inspeção.

3. Pré-inspeção e preparação:

- **Limpeza e preparação:** A remessa deve ser limpa e preparada de acordo com os requisitos. Isto pode incluir tratamentos como a fumigação, se necessário.
- **Verificação pré-inspeção:** Assegurar que todas as medidas fitossanitárias estão em vigor antes da inspeção oficial.

4. Inspeção pelo funcionário da Quarentena Vegetal:

- **Inspeção no local:** Um funcionário da Quarentena Vegetal inspeccionará a remessa no local designado. Esta inspeção inclui a verificação de pragas, doenças e outros factores de conformidade.
- **Amostragem e testes:** Podem ser colhidas amostras para testes laboratoriais, a fim de garantir que a remessa está isenta de pragas e doenças.

5. Testes laboratoriais (se necessário):

- **Análise laboratorial:** As amostras são analisadas num laboratório designado para detetar eventuais pragas ou agentes patogénicos.
- **Resultados dos ensaios:** Os resultados dos ensaios laboratoriais são documentados e fazem parte do relatório de inspeção.

6. Emissão do certificado fitossanitário:

- **Verificação da conformidade:** Se a remessa cumprir todos os requisitos fitossanitários do país importador, é emitido o Certificado Fitossanitário.
- **Emissão do certificado:** O certificado é emitido através do portal PQIS e é assinado pelo Oficial de Quarentena Vegetal autorizado.
- **Documentação:** O certificado fitossanitário é incluído na remessa para exportação.

7. Acções pós-emissão:

- **Manutenção de registos:** Os exportadores devem manter registos dos certificados fitossanitários emitidos.
- **Acompanhamento:** assegurar a conclusão de quaisquer acções de acompanhamento exigidas pelo país importador.

Pontos importantes:

- **Cumprimento das normas:** Assegurar o cumprimento das normas fitossanitárias nacionais e internacionais.
- **Prazo de entrega:** Pedir o certificado com bastante antecedência para evitar atrasos.
- **Comunicação:** Manter uma comunicação clara com as autoridades de quarentena vegetal durante todo o processo.

Recursos adicionais:

- **Portal PQIS:** Portal PQIS
- **Direção de Proteção Fitossanitária, Quarentena e Armazenamento:** Sítio Web da DPPQS

Para obter informações específicas ou actualizações, recomenda-se a consulta das orientações mais recentes da Direção de Proteção Fitossanitária, Quarentena e Armazenamento e do portal PQIS.

Capítulo-12

CERTIFICAÇÃO DE FUMIGAÇÃO

O certificado de fumigação é um documento crucial para a exportação internacional de sementes. Garante que as sementes estão livres de pragas e insectos que podem prejudicar o ecossistema do país importador. O exportador deve apresentar o pedido ao funcionário responsável no porto designado. O funcionário recolherá uma amostra para análise laboratorial. Se a amostra for positiva para insectos, o exportador deve providenciar a fumigação e pagar as taxas. Quando a fumigação estiver concluída, uma agência acreditada pelo governo emitirá o certificado. O certificado deve incluir pormenores sobre o objetivo da fumigação, os fumigantes utilizados, o período de tempo durante o qual foram utilizados e a gama de temperaturas durante a fumigação

A fumigação é um tratamento que pode ser utilizado para controlar insectos e fungos em sementes destinadas à exportação. Implica procedimentos específicos e o cumprimento de regulamentos estabelecidos pela Direção de Proteção Fitossanitária, Quarentena e Armazenamento (DPPQS) do Ministério da Agricultura e do Bem-Estar dos Agricultores, Governo da Índia. Eis um resumo pormenorizado do processo de fumigação das remessas de sementes na Índia:

1. Preparativos para a pré-fumigação

- **Inspeção e documentação**: Assegurar que as sementes são inspeccionadas e possuem a documentação necessária, incluindo certificados fitossanitários das autoridades competentes.
- **Seleção do fumigante**: Os fumigantes mais utilizados são o brometo de metilo, o fosforeto de alumínio e o fosforeto de magnésio. A escolha do fumigante depende do tipo de semente e das pragas a serem controladas.
- **Preparação do equipamento**: Assegurar que a câmara de fumigação, as folhas de fumigação, as garrafas de gás, o equipamento de monitorização do gás e o equipamento de proteção individual (EPI) estão prontos.

2. Carregamento das sementes

- **Colocação**: Colocar os sacos ou contentores de sementes na câmara de fumigação ou sob as placas de fumigação. Assegurar-se de que existe espaço suficiente entre eles para que o fumigante possa circular.
- **Selagem**: Selar a câmara ou cobrir as sementes com folhas de fumigação, assegurando que não há fugas.

3. Processo de fumigação

- **Cálculo da dosagem**: Calcular a dosagem necessária do fumigante com base no volume da câmara ou da área coberta e no tipo de fumigante utilizado.
- **Aplicação do fumigante**: Aplicar o fumigante na câmara ou debaixo da folha. Por exemplo, o brometo de metilo é introduzido através de um vaporizador, enquanto as pastilhas de fosforeto de alumínio podem ser colocadas diretamente.
- **Tempo de exposição**: Manter a exposição do fumigante durante o período necessário. Este período pode variar consoante o fumigante e as pragas visadas (normalmente 24-48 horas para o brometo de metilo).

4. Procedimentos pós-fumigação

- **Arejamento**: Após o período de exposição, ventilar a câmara ou retirar as folhas para permitir a dissipação do fumigante. Isto é fundamental para garantir a segurança.
- **Controlos de segurança**: Monitorizar os níveis de fumigante residual dentro e à volta da área de fumigação para garantir que estão dentro dos limites de segurança antes de manusear as sementes.
- **Inspeção**: Realizar uma inspeção pós-fumigação para confirmar que a fumigação foi eficaz e que não existem pragas vivas.

5. Documentação e conformidade

- **Manutenção de registos**: Manter registos pormenorizados do processo de fumigação, incluindo a data, a hora, o tipo de fumigante, a dosagem, o período de exposição e os resultados da inspeção pós-fumigação.

- **Certificação**: Obter um certificado de fumigação de um operador de fumigação acreditado, que fará parte da documentação de exportação/importação.

6. Despacho de exportação/importação

- **Inspeção fitossanitária**: Apresentar as sementes fumigadas e a documentação que as acompanha às autoridades competentes para inspeção final.
- **Verificação da conformidade**: Assegurar a conformidade com os requisitos fitossanitários do país importador.

7. Transporte

- **Embalagem**: Assegurar que as sementes são corretamente embaladas para evitar a contaminação durante o transporte.
- **Rotulagem**: Rotular claramente as embalagens com informações sobre a fumigação e as certificações de conformidade.

Considerações de segurança

- **Equipamento de proteção individual (EPI)**: Utilizar sempre EPI adequado para proteção contra a exposição a fumigantes.
- **Formação**: Apenas pessoal formado e certificado deve manusear fumigantes e efetuar a fumigação.
- **Procedimentos de emergência**: Adotar procedimentos de emergência em caso de exposição acidental ou de derrame.

Regulamentos e normas

- **Normas nacionais e internacionais**: Seguir as diretrizes estabelecidas pela Direção de Proteção Fitossanitária, Quarentena e Armazenamento (DPPQS) na Índia e as normas internacionais, como as da Convenção Fitossanitária Internacional (IPPC).

Este procedimento garante que as sementes são tratadas para eliminar as pragas, cumprem os regulamentos fitossanitários e são seguras para exportação ou importação.

Requisitos regulamentares para a exportação

1. **Certificado fitossanitário:**
   - o Um Certificado Fitossanitário (PC) é emitido pela Organização de Proteção das Plantas, confirmando que as sementes cumprem os requisitos fitossanitários do país importador.
   - o O PC inclui pormenores do tratamento de fumigação, tais como o fumigante utilizado, a concentração e a duração da exposição.
2. **Conformidade com os requisitos do país importador:**
   - o Os exportadores devem certificar-se de que o tratamento por fumigação cumpre os requisitos específicos do país de destino.
   - o Isto pode incluir fumigantes específicos, protocolos de tratamento e inspecções adicionais.

Requisitos regulamentares para a importação

1. **Licença de importação:**
   - o Os importadores devem obter uma licença de importação junto da Direção de Proteção Fitossanitária, Quarentena e Armazenamento (DPPQS).
   - o A autorização especifica as condições em que as sementes podem ser importadas, incluindo os requisitos de fumigação.
2. **Inspeção e fumigação:**
   - o À chegada, as remessas de sementes importadas são inspeccionadas por funcionários da quarentena vegetal.
   - o Se necessário, as sementes são fumigadas de acordo com os protocolos de tratamento prescritos.
3. **Inspeção pós-fumigação:**
   - o As sementes são inspeccionadas após a fumigação para garantir que estão livres de pragas e doenças.
   - o Após a inspeção, pode ser emitido um certificado fitossanitário que confirme a conformidade com a regulamentação indiana em matéria de importação.

Fumigantes comuns utilizados

1. **Brometo de metilo**:

    o   Utilizado para uma vasta gama de sementes e eficaz contra muitas pragas.

    o   Requer um manuseamento cuidadoso e o cumprimento de protocolos de segurança devido à sua toxicidade.

2. **Fosfina**:

    o   Normalmente utilizado para pragas de produtos armazenados e seguro para muitos tipos de sementes.

    o   Normalmente utilizado sob a forma de comprimidos ou pastilhas que libertam gás fosfina.

Considerações sobre segurança e ambiente

*   Os tratamentos de fumigação devem respeitar as diretrizes de segurança para proteger os trabalhadores e o ambiente.
*   Deve ser utilizado equipamento de proteção adequado (EPI) durante a fumigação.
*   São essenciais procedimentos adequados de ventilação e arejamento para garantir a segurança dos manipuladores e evitar a contaminação ambiental.

Conclusão

O tratamento por fumigação para a exportação e importação de sementes na Índia é um processo regulamentado concebido para garantir que as sementes estão livres de pragas e doenças, cumprindo as normas fitossanitárias internacionais. A conformidade com estes regulamentos é crucial para o sucesso da exportação e importação de sementes, protegendo tanto as indústrias agrícolas como os ecossistemas.

Capítulo 13

DESALFANDEGAMENTO DE SEMENTES

A exportação e a importação de sementes são essenciais para a agricultura mundial, apoiando a biodiversidade, o melhoramento das culturas e a segurança alimentar. No entanto, é necessária uma adesão rigorosa aos regulamentos internacionais e nacionais para garantir a circulação segura e eficaz das sementes através das fronteiras.

A exportação e importação de sementes é um processo complexo que envolve vários regulamentos, normas e procedimentos para garantir a qualidade e segurança das sementes comercializadas internacionalmente. Apresentamos de seguida uma visão geral dos principais aspectos envolvidos no processo de exportação e importação de sementes:

Aspectos fundamentais da exportação e importação de sementes

1. **Conformidade regulamentar**:
   - **Normas internacionais**: Os países seguem normas internacionais, como as estabelecidas pela Associação Internacional de Ensaios de Sementes (ISTA) e pela Convenção Internacional para a Proteção das Plantas (IPPC).
   - **Regulamentos nacionais**: Cada país tem os seus próprios regulamentos e requisitos fitossanitários para a importação de sementes, de modo a evitar a introdução de pragas e doenças.

2. **Certificados fitossanitários**:
   - É necessário um certificado fitossanitário para confirmar que as sementes estão isentas de pragas e cumprem as normas sanitárias do país importador.
   - Emitido pela organização nacional de proteção fitossanitária (ONPF) do país exportador.

3. **Teste de sementes**:
   - As sementes são testadas quanto à sua qualidade, taxa de germinação, pureza e presença de pragas e doenças.
   - Os laboratórios devem ser acreditados por organizações como a ISTA para garantir a normalização.

4. **Certificação varietal**:

o A certificação garante que as sementes são de uma determinada variedade e cumprem normas específicas de pureza genética.

o Esta certificação é frequentemente gerida por agências nacionais ou regionais de certificação de sementes.

5. **Rotulagem e embalagem**:

o A etiquetagem e a embalagem adequadas são essenciais para identificar o lote de sementes e fornecer informações como a variedade, a origem, o peso e a percentagem de germinação.

o A embalagem deve proteger as sementes durante o transporte e a armazenagem.

6. **Procedimentos aduaneiros**:

o Tanto os países exportadores como os importadores têm procedimentos aduaneiros que devem ser seguidos, incluindo declarações, inspecções e pagamento de direitos ou impostos, se aplicável.

o A documentação necessária inclui facturas, listas de embalagem e o certificado fitossanitário.

7. **Licenças de importação**:

o Alguns países exigem licenças de importação, que devem ser obtidas pelo importador antes da expedição das sementes.

Processo de exportação de sementes

1. **Identificar os requisitos do país importador**: Pesquisar e cumprir os requisitos específicos do país de destino.

2. **Inspeção e certificação fitossanitária**: Obter um certificado fitossanitário junto da ONPF.

3. **Teste e certificação de sementes**: Efetuar os testes de sementes necessários e obter a certificação.

4. **Embalagem e rotulagem**: Assegurar que as sementes são corretamente embaladas e rotuladas.

5. **Declaração aduaneira**: Preparar e apresentar a documentação aduaneira necessária.

6. **Expedição**: Organizar o transporte e assegurar que todos os documentos acompanham a expedição.

Processo de importação de sementes

1. **Obter a licença de importação**: Se necessário, obter uma licença de importação da organização nacional de proteção das plantas.

2. **Rever a documentação do exportador**: Assegurar que todos os documentos necessários, incluindo o certificado fitossanitário, acompanham o envio.

3. **Desembaraço aduaneiro**: Apresentar os documentos necessários para o desalfandegamento e a inspeção.

4. **Inspeção fitossanitária**: A ONPF do país importador inspeccionará as sementes à chegada.

5. **Libertação e distribuição**: Uma vez libertadas, as sementes podem ser distribuídas ou plantadas de acordo com os regulamentos nacionais.

Desafios e considerações

- **Custos de conformidade**: Assegurar a conformidade com os regulamentos internacionais e nacionais pode ser dispendioso e demorado.

- **Barreiras comerciais**: Os direitos aduaneiros, as quotas e as barreiras não pautais podem afetar o comércio de sementes.

- **Riscos de biossegurança**: A introdução de espécies ou doenças invasivas através da importação de sementes é uma preocupação significativa.

- **Propriedade intelectual**: A proteção dos direitos de propriedade intelectual relacionados com as variedades vegetais e a biotecnologia é fundamental.

O desalfandegamento de sementes para exportação na Índia envolve as seguintes etapas:

1. Análise do Comité EXIM

O Comité EXIM analisa os pedidos de exportação de sementes e faz recomendações à DGFT e à PPA para a emissão de uma licença.

2. Autorização de quarentena

O Conselheiro Fitossanitário (PPA) autoriza ou rejeita a remessa de sementes no prazo de 50 dias.

3. Desembaraço aduaneiro

As autoridades aduaneiras só concedem o desalfandegamento depois de o CAE conceder o desalfandegamento de quarentena

Capítulo-14

PAPEL DA QUARENTENA VEGETAL NA EXPORTAÇÃO E IMPORTAÇÃO DE SEMENTES

A quarentena vegetal desempenha um papel crucial na indústria de exportação e importação de sementes, garantindo que o movimento de sementes através das fronteiras não introduz pragas, doenças ou espécies invasoras prejudiciais em novas regiões. Eis os principais papéis da quarentena vegetal neste contexto:

1. Prevenção da propagação de pragas e doenças

- **Inspeção e certificação:** As autoridades de quarentena vegetal inspeccionam as sementes para detetar pragas e doenças antes de serem exportadas ou importadas. Apenas as sementes certificadas que cumprem as normas de quarentena são autorizadas a atravessar as fronteiras.
- **Testes de agentes patogénicos:** As sementes são testadas para detetar a presença de agentes patogénicos que possam potencialmente prejudicar as culturas no país importador. Isto inclui bactérias, fungos, vírus e nemátodos.

2. Conformidade com o regulamento

- **Certificados fitossanitários:** Os exportadores devem obter certificados fitossanitários das autoridades competentes, confirmando que as sementes cumprem os requisitos de quarentena do país importador.
- **Adesão às normas internacionais:** Os procedimentos de quarentena de plantas estão alinhados com as normas internacionais estabelecidas por organismos como a Convenção Internacional de Proteção das Plantas (IPPC) e a Organização Mundial do Comércio (OMC), garantindo a consistência e a fiabilidade no comércio de sementes.

3. Avaliação e gestão dos riscos

- **Análise de Risco de Pragas (PRA):** Realização de ARP para avaliar os riscos potenciais associados à importação ou exportação de sementes específicas. Isto ajuda a tomar decisões informadas sobre medidas de quarentena.

- **Medidas de mitigação:** Implementação de medidas como tratamentos (químicos, térmicos ou por irradiação) para mitigar os riscos de transmissão de pragas e doenças.

4. Controlo e vigilância

- **Quarentena pós-entrada:** Monitorização das sementes após a sua entrada no país importador para garantir que não desenvolvem pragas ou doenças que não foram detectadas durante as inspecções iniciais.
- **Vigilância contínua:** Monitorização contínua das sementes importadas no campo para detetar quaisquer pragas ou doenças que surjam tardiamente.

5. Intercâmbio de informações e formação

- **Cooperação internacional:** Partilhar informações sobre surtos de pragas e medidas de quarentena com outros países para melhorar as normas fitossanitárias globais.
- **Formação e reforço das capacidades:** Fornecer formação aos funcionários de quarentena e aos exportadores/importadores de sementes sobre as mais recentes técnicas e normas de quarentena.

6. Proteção da biodiversidade e da agricultura

- **Salvaguardar os ecossistemas:** Prevenir a introdução de espécies invasoras que podem perturbar os ecossistemas locais e os sistemas agrícolas.
- **Garantir a saúde das culturas:** Manter a saúde e a produtividade das culturas, evitando a propagação de pragas e doenças novas e potencialmente devastadoras.

7. Impacto económico

- **Facilitar o comércio seguro:** Permitir o comércio seguro e eficiente de sementes, minimizando o risco de violações de quarentena, promovendo assim a estabilidade económica no sector agrícola.
- **Minimizar as perdas:** Reduzir as perdas económicas que podem resultar de surtos de pragas e doenças causados por sementes importadas.

De um modo geral, a quarentena vegetal é essencial para manter a biossegurança agrícola, proteger os ecossistemas e garantir o comércio seguro e harmonioso de sementes a nível mundial.

A regulamentação da quarentena vegetal na Índia é regida pelo **Plant Quarantine (Regulation of Import into India) Order, 2003,** ao abrigo da **Destructive Insects and Pests Act, 1914.** Estes regulamentos foram concebidos para impedir a introdução e a propagação de pragas e doenças nocivas através de materiais vegetais importados, incluindo sementes. Eis os principais aspectos dos regulamentos de quarentena de plantas da Índia:

1. Licença de importação e certificado fitossanitário

- **Licença de importação:** É obrigatória uma licença de importação para a importação de plantas e materiais vegetais para a Índia. Esta licença é emitida pelo Diretor de Proteção Fitossanitária, Quarentena e Armazenamento.
- **Certificado fitossanitário:** O país exportador deve apresentar um certificado fitossanitário que confirme que os materiais vegetais foram inspeccionados e estão isentos de pragas e doenças, em conformidade com as exigências da Índia.

2. Inspeção e ensaios

- **Inspeção antes da entrada:** Os materiais vegetais importados estão sujeitos a inspeção no porto de entrada para garantir a sua conformidade com os regulamentos de quarentena.
- **Quarentena pós-entrada (PEQ):** Certos materiais vegetais podem ser sujeitos a quarentena pós-entrada. Durante a quarentena pós-entrada, as plantas são monitorizadas durante um período específico para garantir que estão isentas de pragas e doenças.

3. Análise de risco de pragas (PRA)

- **Avaliação dos riscos:** A ARP é efectuada para avaliar os riscos potenciais associados à importação de materiais vegetais específicos. Com base na avaliação dos riscos, são aplicadas medidas de quarentena adequadas.

4. Notificação e declaração

- **Notificação prévia:** Os importadores devem notificar antecipadamente a autoridade de quarentena vegetal da chegada de materiais vegetais.
- **Declaração:** Os importadores devem declarar os materiais vegetais que pretendem importar, fornecendo pormenores como a espécie, a quantidade e a origem.

5. Artigos proibidos e restritos

- **Artigos proibidos:** A importação de certos materiais vegetais é proibida devido ao elevado risco de introdução de pragas e doenças nocivas.
- **Artigos com restrições:** Alguns materiais vegetais só podem ser importados em condições específicas e requerem autorizações e tratamentos especiais.

6. Tratamento e desinfeção

- **Tratamentos obrigatórios:** Os materiais vegetais importados podem ter de ser submetidos a tratamentos como a fumigação, o tratamento químico ou a irradiação para eliminar quaisquer pragas ou doenças.
- **Desinfeção:** As medidas de desinfeção são aplicadas aos materiais vegetais para garantir que estão livres de contaminantes.

7. Conformidade com as normas internacionais

- **Normas internacionais:** Os regulamentos de quarentena vegetal da Índia estão em conformidade com as normas internacionais estabelecidas por organizações como a Convenção Internacional de Proteção das Plantas (IPPC) e a Organização Mundial do Comércio (OMC).

8. Execução e sanções

- **Aplicação da regulamentação:** A Direção de Proteção Vegetal, Quarentena e Armazenamento é responsável pela aplicação dos regulamentos de quarentena vegetal.

- **Sanções:** O incumprimento das normas de quarentena pode resultar em sanções, incluindo coimas, destruição dos materiais importados e acções judiciais.

9. Sensibilização e formação

- **Capacitação:** São realizados programas de formação para funcionários de quarentena, importadores e outras partes interessadas, a fim de garantir que estão a par dos regulamentos e procedimentos mais recentes.
- **Sensibilização do público:** São envidados esforços para sensibilizar o público e as partes interessadas para a importância da quarentena vegetal e da biossegurança.

10. Colaboração e intercâmbio de informações

- **Colaboração internacional:** A Índia colabora com outros países e organizações internacionais para trocar informações sobre surtos de pragas e medidas de quarentena.
- **Partilha de dados:** A informação sobre intercepções de pragas e violações de quarentena é partilhada para melhorar as normas fitossanitárias globais.

Estes regulamentos são fundamentais para proteger a agricultura e a biodiversidade da Índia das ameaças colocadas por pragas e doenças invasivas, garantindo um comércio seguro e protegido de materiais vegetais.

Capítulo 15

EMISSÃO DE LICENÇAS DE EXPORTAÇÃO DE SEMENTES

Para exportar sementes da Índia, é necessário obter uma autorização de exportação de sementes junto das autoridades competentes. O processo envolve várias etapas para garantir que as sementes cumprem as normas de qualidade e fitossanitárias. Segue-se uma descrição geral do procedimento:

1. Obter o registo como exportador:

- Registar a sua empresa como exportador junto da Direção-Geral do Comércio Externo (DGFT) e obter um código de importador-exportador (IEC).

2. Pedir uma licença de exportação de sementes:

- Apresentar um pedido ao Department of Agriculture, Cooperation & Farmers Welfare, especificamente à Divisão de Sementes.

3. Cumprir as normas de qualidade e fitossanitárias:

- Assegurar que as sementes cumprem as normas de qualidade especificadas pela National Seed Association of India (NSAI) e pela International Seed Testing Association (ISTA).
- Obter um certificado fitossanitário da Divisão de Quarentena Vegetal do Ministério da Agricultura. Este certificado garante que as sementes estão isentas de pragas e doenças.

4. Documentação necessária:

- **Formulário de candidatura**: Preenchido e assinado.
- **Código do importador-exportador (CEI)**: Cópia do certificado.
- **Relatório de teste de sementes**: Certificação de um laboratório reconhecido.
- **Certificado fitossanitário**: Obtido junto da Divisão de Quarentena Vegetal.
- **Fatura e lista de embalagem**: Detalhe das sementes a exportar.
- **Certificado de origem**: Emitido pelas autoridades competentes.

- **Contrato de exportação ou encomenda**: Cópia do contrato de exportação ou da ordem de compra do importador.

5. Apresentar a candidatura:

- Apresentar o pedido preenchido, juntamente com todos os documentos exigidos, à Divisão de Sementes.

6. Inspeção e aprovação:

- A Divisão de Sementes analisará o pedido e poderá efetuar uma inspeção das sementes.
- Uma vez aprovada, será emitida uma licença de exportação.

7. Conformidade com a regulamentação do país importador:

- Assegurar a conformidade com os regulamentos de importação de sementes do país de destino. Isto pode incluir certificações ou tratamentos adicionais, conforme exigido pelo país importador.

Capítulo 16

PAGAMENTO DE DOCUMENTOS DE EXPORTAÇÃO E FACTURAS

Os documentos de exportação são parte integrante de uma empresa de exportação, uma vez que promovem o bom funcionamento dos bens e serviços e dos pagamentos no mercado mundial. Todos os envios são acompanhados de documentos de exportação que atravessam as fronteiras nacionais. Estes documentos devem ser actualizados e preenchidos com informações precisas, para que não haja complicações legais num futuro próximo. Quer se trate de uma nova empresa de exportação ou de uma empresa já existente, em todas as fases é necessário regulamentar, solicitar, apresentar e produzir documentos. Existe uma lista de documentos que é necessário analisar enquanto se prepara para exportar.

Lista de controlo dos documentos de exportação: Exportar da Índia

A exportação a partir da Índia exige documentos que dependem do destino para onde o produto tem de ser exportado e também do tipo de produto que está prestes a ser exportado. Diferentes países exigem certificações diferentes para diferentes gamas de produtos. Estes documentos não só fornecem informações sobre o produto e o seu porto de destino, como também são utilizados para efeitos de avaliação fiscal e de certificação da investigação do controlo de qualidade.

Segue-se uma lista dos documentos a fornecer aquando da exportação para o estrangeiro a partir da Índia.

1. Conhecimento de embarque (BL)

O conhecimento de embarque é um dos documentos essenciais para as cargas destinadas à exportação. É emitido pelo transportador para representar um contrato e um recibo entre o expedidor e o transportador. Ao abrigo deste documento, o transportador reconhece que as mercadorias foram recebidas do exportador em boas condições e que estão prontas para serem expedidas.

2. Fatura comercial com lista de embalagem

Recentemente, ao abrigo das orientações governamentais, dois documentos, a lista de embalagem e a fatura comercial, exigidos pelas alfândegas, foram fundidos num único documento.

Fatura comercial: É um documento necessário para a exportação. Quando os produtos estão prontos para serem expedidos, o exportador elabora uma fatura comercial e apresenta-a à alfândega. A assinatura da alfândega é necessária antes do início da expedição.

Lista de embalagem: Este documento é necessário quando a carga contém mais do que um produto. É elaborada uma lista de embalagem adequada, que enumera os diferentes artigos que têm de ser exportados.

3. Conhecimento de embarque ou de exportação

O conhecimento de embarque é um documento aduaneiro necessário para obter o desalfandegamento das exportações. É emitido pelo portal eletrónico das alfândegas indianas (ICEGATE), que permite a apresentação eletrónica de guias de remessa. Um exportador só pode expedir as mercadorias depois de apresentar o conhecimento de embarque, uma vez que se trata de um documento obrigatório.

4. Fatura proforma

Uma fatura pró-forma é uma fatura que é necessária quando é preciso pagar um adiantamento aos clientes comprometidos. Uma fatura pró-forma inclui informações pormenorizadas sobre o produto, o preço, a entrega, as operações de pagamento, etc. Trata-se de um acordo entre o comprador e o vendedor com base na confiança.

5. Ordem de exportação/ordem de compra

Após a emissão da fatura proforma, o comprador confirma a encomenda através de uma ordem de compra (PO) com o exportador. A ordem de compra inclui pormenores do lado do comprador que especificam os detalhes da mercadoria, como o custo, a moeda, os detalhes de envio e os seus requisitos.

6. Certificado de origem

O certificado de origem (COO) é um documento especial que fornece informações como o país de origem das mercadorias, ou seja, o local onde as mercadorias foram fabricadas. Trata-se de uma declaração juramentada anexada à fatura comercial. O COO é gerado para cada artigo da encomenda.

7. Letra de câmbio (BE)

Uma ordem escrita que diz ao comprador para pagar o montante mencionado pelo exportador é conhecida como letra de câmbio. É gerada pelo exportador para informar o importador sobre o pagamento.

8. Carta de crédito

O banco do respetivo comprador emite a carta de crédito para confirmar o pagamento ao exportador na data prevista, no caso de o comprador se atrasar no pagamento das facturas. Trata-se de um documento essencial que é garantido pelo banco para honrar a ordem de compra do comprador.

9. inspeção/verificação da qualidade

Um importador pode solicitar uma investigação da qualidade antes da expedição das mercadorias. A inspeção da qualidade do produto, o exame e o teste dos produtos são abrangidos por esta lei. O comprador pode também ajudar a verificar os parâmetros de embalagem. O exportador deve preparar o certificado de inspeção da qualidade durante a expedição dos produtos.

10. certificados fitossanitários e certificados de fumigação

O certificado fitossanitário e o certificado de fumigação são exigidos pelo importador no que respeita ao controlo da qualidade dos produtos segundo normas e padrões de qualidade internacionais. O certificado fitossanitário é obrigatório aquando da expedição de produtos agrícolas da Índia. É um dos documentos obrigatórios e as exportações devem regular este certificado aquando da exportação.

A Índia deu hoje um passo em frente na melhoria da "facilidade de fazer negócios" ao reduzir os documentos obrigatórios exigidos para a importação e exportação de mercadorias para três documentos cada. A Direção-Geral do Comércio Externo (DGFT) emitiu hoje uma notificação para o efeito (ligação da notificação abaixo).

Em julho de 2014, o Ministério do Comércio criou um comité interministerial sob a presidência da DGFT para estudar e recomendar formas de reduzir o número de documentos obrigatórios exigidos para a exportação e importação. O Comité realizou debates pormenorizados com todas as partes interessadas e com os departamentos/ministérios/agências em causa, tendo também visitado o JNPT para estudar a situação no terreno e encontrar formas de minimizar o número de documentos e reduzir os custos e o tempo de transação para as exportações e importações. O Comité apresentou o seu relatório "Trading Across Borders" ao Gabinete do Primeiro-Ministro em dezembro de 2014.

Com base nas recomendações do relatório, o RBI concordou em suprimir o "formulário de controlo de divisas (SDF)", integrando a declaração no "documento de embarque" (para as exportações) e dispensando o "formulário de controlo de divisas (formulário A-1)" (para as importações). As alfândegas concordaram igualmente em fundir a "fatura comercial" com a "lista de embalagem" e emitiram uma circular para a aceitação da "fatura comercial com lista de embalagem", que inclui os dados necessários de ambos os documentos. No entanto, os exportadores e os importadores têm a possibilidade de apresentar separadamente a "fatura comercial" e a "lista de embalagem", se assim o desejarem. O Ministério dos Transportes acordou igualmente em suprimir a exigência de "Terminal Handling Receipt" e tornar o processo em linha.

Consequentemente, após a publicação da notificação da DGFT de 12-3-2015, apenas três documentos serão obrigatórios para a exportação e a importação.

S.N	Exportação	Importação
a	Conhecimento de embarque/avião	Conhecimento de embarque/avião
b	Fatura comercial com lista de embalagem	Fatura comercial com lista de embalagem
c	Conhecimento de embarque/ conhecimento de exportação	Fatura de entrada

Um conhecimento de embarque (BL ou BoL) é um documento legal emitido por um transportador (empresa de transportes) a um expedidor que especifica o tipo, a quantidade e o destino das mercadorias transportadas. Um conhecimento de embarque também serve como recibo de envio quando o transportador entrega as mercadorias num destino pré-determinado.

Capítulo-17
PROCEDIMENTO DE INSPECÇÃO E CERTIFICAÇÃO DAS EXPORTAÇÕES

Na sequência do início do regime da OMC, as exportações de produtos agro-alimentares também se multiplicaram devido à livre circulação do comércio internacional. Simultaneamente, o Acordo Sanitário e Fitossanitário (SPS) conferiu aos países o poder de proteger a sua biodiversidade contra a entrada de pragas exóticas. Este facto resultou na estipulação de medidas fitossanitárias rigorosas para a importação de plantas/materiais de plantação e produtos vegetais. A fim de evitar que os países imponham restrições injustificáveis, a Convenção Fitossanitária Internacional de 1951 (CFI) da FAO e a sua subsequente adoção como organismo normalizador pela OMC, elaborou normas internacionais de base científica para as medidas fitossanitárias (NIMF). Estas normas foram discutidas e deliberadas em várias reuniões pelos membros e subsequentemente finalizadas e adoptadas por todos os países membros. O objetivo da IPPC é assegurar uma ação comum e eficaz para evitar a introdução e a propagação de pragas e doenças de plantas e materiais vegetais e promover medidas para o seu controlo. As Normas Internacionais de Medidas Fitossanitárias (NIMF) são adoptadas pelas partes contratantes da CFI através da Comissão de Medidas Fitossanitárias. As NIMF são as normas, diretrizes e recomendações reconhecidas como base para as medidas fitossanitárias aplicadas pelos membros da Organização Mundial do Comércio ao abrigo do Acordo sobre a Aplicação de Medidas Sanitárias e Fitossanitárias. Os países membros são incentivados a utilizar as normas, diretrizes e recomendações internacionais, sempre que existam, e a evitar qualquer litígio.

O artigo V da CFI prevê que cada parte contratante tome medidas para a certificação fitossanitária, com o objetivo de garantir que os vegetais, produtos vegetais e outros artigos regulamentados exportados, bem como as respectivas remessas, estão em conformidade com as disposições seguintes:

1. a) A inspeção e outras actividades conexas conducentes à emissão de certificados fitossanitários serão realizadas apenas pela organização nacional oficial de proteção fitossanitária ou sob a sua autoridade. A emissão de certificados fitossanitários deve

ser efectuada por funcionários públicos tecnicamente qualificados e devidamente autorizados pela organização nacional oficial de proteção fitossanitária a agir em seu nome e sob o seu controlo, com conhecimentos e informações à disposição desses funcionários que permitam às autoridades das partes contratantes importadoras aceitar os certificados fitossanitários com confiança como documentos fiáveis.

2. b) Os certificados fitossanitários, ou o seu equivalente eletrónico quando aceites pela parte contratante importadora em causa, devem ser redigidos de acordo com os modelos constantes do anexo da presente Convenção. Estes certificados devem ser preenchidos e emitidos tendo em conta as normas internacionais pertinentes.

3. c) As alterações ou rasuras não certificadas invalidam os certificados.

Por conseguinte, tornou-se mais imperativo para as autoridades emissoras do Certificado Fitossanitário (CSP) inspecionar minuciosamente a remessa exportável antes da emissão do Certificado Fitossanitário (CSP). As inspecções de exportação envolvem amostragem e testes laboratoriais pormenorizados no caso das sementes e do material de plantação para propagação, ao passo que o material vegetal destinado ao consumo é submetido a um exame visual com lentes de mão e a testes de lavagem, etc. As inspecções à exportação são igualmente realizadas nas instalações dos exportadores para facilitar as exportações de produtos agrícolas destinados ao consumo. O procedimento pormenorizado de inspeção e certificação das exportações de plantas e produtos vegetais pode ser consultado no URL: http://plantquarantineindia.nic.in/html/Exp-insp-cert.htm. Posteriormente, é emitido um certificado de exportação (PSC) que certifica o estatuto de indemnidade de pragas do produto de base em relação à declaração adicional exigida, se for caso disso, pelo país importador. A maioria dos produtos agrícolas deve ser tratada para exterminar as pragas antes da exportação. Este tratamento fitossanitário, com dose, temperatura, etc., é geralmente especificado pelo país importador. A autoridade emissora do CPS tem de estar satisfeita com o tratamento efectuado e fazer a necessária aprovação no CPS. As autoridades emissoras de CSP são autoridades públicas notificadas pelo Ministério da Agricultura, Governo da Índia, que devem possuir as infra-estruturas e o equipamento de laboratório necessários para testar os produtos exportáveis.

Por conseguinte, para serem universalmente aceites, as normas nacionais devem ser elaboradas em conformidade com as normas internacionais aprovadas pela Convenção Fitossanitária Internacional (CFI) para várias actividades de quarentena vegetal. Assim, as normas nacionais relativas às medidas fitossanitárias para algumas das actividades importantes já foram elaboradas, aprovadas pelo Governo da Índia e, consequentemente, adoptadas para aplicação. Do mesmo modo, foram também elaboradas normas nacionais para a acreditação dos prestadores de tratamentos fitossanitários. Estes foram autorizados a efetuar o tratamento fitossanitário das remessas exportáveis em relação aos tratamentos enumerados na ISPM-15, que são internacionalmente aceites. Esta acreditação teve início em maio de 2005 e, até à data, os registos podem ser consultados de acordo com os dados abaixo indicados

1. Operadores de fumigação registados como prestadores de tratamento com brometo de metilo nos termos da NSPM-12, em conformidade com a ISPM-15

2. Fornecedores registados de tratamento por ar quente forçado para material de embalagem de madeira: ISPM-15

3. Instalações certificadas de tratamento por imersão em água quente para frutos de manga

4. Fornecedores registados de tratamento térmico com vapor para frutos e produtos hortícolas frescos

5. Instalações certificadas de tratamento por irradiação para frutos frescos

6. Instalações de tratamento térmico certificadas para sementes do Níger

Tendo em conta o que precede, sugere-se aos exportadores que obtenham uma cópia da licença de importação obtida pela empresa importadora junto da autoridade competente, a fim de conhecerem as condições fitossanitárias e os tratamentos necessários. Além disso, é do interesse dos exportadores manterem-se a par dos regulamentos de importação dos diferentes países

As várias etapas envolvidas na inspeção e certificação da exportação de plantas e produtos vegetais são descritas a seguir

1. Registo da candidatura

O exportador ou o seu agente deve apresentar um pedido no apêndice 5, em duplicado, ao oficial responsável pela estação PQ em causa no porto designado através do qual tenciona exportar ou à autoridade de inspeção e certificação em causa, notificada pela Notificação 8-97/91-PP.I, de 26 de novembro de 1993, emitida pelo Ministério da Agricultura, tal como reproduzida no apêndice 1, com antecedência suficiente ou, pelo menos, 2-3 dias antes da data efectiva de expedição da remessa. No entanto, no caso da exportação de produtos perecíveis, tais como flores cortadas, frutas e produtos hortícolas frescos, as condições acima referidas podem não ser aplicáveis. Também no caso da exportação de remessas de sementes, os pedidos são apresentados 8-10 dias antes da data efectiva de expedição. O pedido deve ser acompanhado de uma cópia da fatura, da lista de embalagem, da carta de porte marítimo/aéreo, da carta de crédito, do acordo comercial ou da nota de encomenda, da licença de exportação (se for caso disso) e do certificado de fumigação, se for caso disso. Para além disso, uma cópia da autorização emitida pelo país importador em caso de exportação de sementes/material vegetal de propagação e um certificado de apuramento da fauna e da flora selvagens, se a exportação for abrangida pela Convenção sobre o Comércio Internacional das Espécies da Fauna e da Flora Selvagens Ameaçadas de Extinção (CITES) para a lista de plantas proibidas ou sujeitas a restrições ao abrigo da CITES). Após a receção do pedido, o oficial da PQ deve examiná-lo e, se o considerar completo em todos os aspectos, deve registar o pedido e avaliar a taxa de inspeção. Os pedidos apresentados relativamente a remessas proibidas de exportação/importação são retidos ou recusados para a emissão de CSP, bem como os pedidos apresentados relativamente a produtos vegetais conservados, decapados ou congelados. O exportador ou o seu agente pagam a taxa de inspeção às taxas prescritas no apêndice 2 (carta n.º 16-10/58-PPS, de 21 de setembro de 1960, emitida pelo Ministério da Agricultura). Mediante pedido específico do exportador ou do seu agente, a remessa pode ser inspeccionada em locais fora da estação PQ, mediante o pagamento de Rs. 10/- por visita, para despesas de inspeção externa, dentro dos limites municipais da cidade ou dos limites da corporação da cidade, consoante o caso. Além disso, o exportador ou o seu agente assumirá as despesas de deslocação e de estadia do funcionário e do pessoal do PQ destacados para a inspeção fora da cidade ou da localidade, de acordo com os seus direitos, bem como as despesas de alojamento, se for caso disso. Os encargos acima referidos são pagos antecipadamente ou imediatamente após a conclusão da viagem, mas antes da emissão do CPP. A taxa de inspeção não é reembolsada em caso de anulação ou de rejeição do pedido. O exportador deve respeitar os termos e condições estipulados pela autoridade de inspeção e certificação. Após a receção das taxas de inspeção, é emitida uma ordem de quarentena pelo funcionário responsável pela estação PQ em causa para apresentação da remessa para inspeção pelo requerente.

2. Inspeção / Amostragem e ensaios laboratoriais

O exportador ou o seu agente deve apresentar a remessa no escritório da estação PQ ou providenciar a inspeção nas suas instalações ou apresentar os contentores em qualquer outro local aprovado na data e hora marcadas para a inspeção, de acordo com a ordem de quarentena emitida. O exportador ou o seu agente deve fornecer o transporte, a mão de obra e outras instalações necessárias para a abertura, a recolha de amostras, a reembalagem, a selagem, etc.

A amostragem de sementes para propagação deve ser efectuada em conformidade com as regras da International Seed Testing Association (ISTA), 1976. Amostragem de cereais, leguminosas, sementes oleaginosas e outras para consumo, em conformidade com as normas do Bureau of Indian Standards (IS: 2814/1978 e IS: 3714/1978). O exportador ou o seu agente devem associar-se ao agente encarregado da inspeção durante a realização da mesma. O agente da PQ encarregado da inspeção deve retirar uma amostra de dimensão adequada para testes laboratoriais pormenorizados. As amostras de cereais, leguminosas, frutos secos, nozes, especiarias, frutos e produtos hortícolas frescos, flores cortadas, grãos de café, amendoim, curcuma, etc., destinadas ao consumo, são inspeccionadas visualmente com a ajuda de uma lupa iluminada especificamente para detetar a infestação de insectos vivos. As leguminosas são geralmente submetidas a um exame de raios X.

3. Fumigação e tratamento da remessa

Caso seja detectada uma infestação por insectos vivos, o exportador ou o seu agente deve providenciar a fumigação da remessa ou do contentor nas suas instalações ou em qualquer outro local aprovado, por um operador de controlo de pragas aprovado, sob a supervisão de um oficial da PQ. O exportador ou o seu agente deve apresentar um compromisso para o efeito no apêndice 6, juntamente com o pagamento de taxas de supervisão de Rs.25/- por contentor. O exportador ou o seu agente devem fornecer os meios de transporte e de mão de obra necessários, se a fumigação for efectuada nas câmaras de fumigação no posto PQ, e pagar as taxas de fumigação, desinfestação ou desinfeção acima prescritas. O exportador ou o seu agente pagará encargos de armazenagem no valor de 10 rúpias por metro cúbico de espaço por dia ou parte de dia, se a remessa não for imediatamente retirada após desgaseificação e reinspecção. As remessas devem ser reinspeccionadas após a desgaseificação da remessa ou do contentor, a fim de garantir a ausência de infestação viva.

4. Emissão/rejeição do certificado fitossanitário Os certificados fitossanitários (CSP) são emitidos em duplicado, ou seja, o original para o exportador e um duplicado para o registo da estância, se a remessa for considerada isenta de pragas de quarentena após a inspeção. No entanto, no caso de remessas reexportadas, os CSP são emitidos no formato de reexportação prescrito no âmbito da CFI. Mediante pedido específico do

exportador ou do seu agente, o CPS é reemitido após a anulação do certificado original anterior, a fim de facilitar a incorporação de correcções/alterações, sob reserva da apresentação de documentos de expedição que o comprovem. A reemissão do CPS, para incorporação de alterações/correcções, é feita no prazo de 7 a 10 dias a contar da data de emissão do certificado original e, a partir daí, não serão aceites quaisquer pedidos deste tipo. A emissão do CPP será rejeitada se a mercadoria, aquando da inspeção, for considerada proibida ou afetada por uma praga de quarentena ou se a mercadoria não puder ser fumigada para a tornar indemne de pragas por estar embalada num contentor impermeável ou embalada com material vegetal censurável ou contaminada com terra ou sementes de ervas daninhas nocivas ou alimentos transformados que contenham aditivos e conservantes, devendo os motivos da rejeição ser imediatamente comunicados por escrito ao exportador ou ao seu agente, mediante notificação às autoridades aduaneiras/portuárias.

Capítulo 18

EMISSÃO DE LICENÇAS DE IMPORTAÇÃO DE SEMENTES

Para importar sementes para a Índia, é necessário obter uma licença de importação de sementes junto das autoridades competentes. Este processo garante que as sementes cumprem as normas de qualidade, saúde e segurança do país. Segue-se uma descrição pormenorizada das etapas envolvidas na obtenção de uma licença de importação de sementes:

1. Obter o registo como importador:

- Registar a sua empresa como importador junto da Direção-Geral do Comércio Externo (DGFT) e obter um código de importador-exportador (IEC).

2. Pedir uma licença de importação de sementes:

- Apresentar um pedido ao Department of Agriculture, Cooperation & Farmers Welfare, especificamente à Divisão de Quarentena Vegetal.

3. Cumprir as normas de qualidade e fitossanitárias:

- Assegurar que as sementes cumprem as normas de qualidade especificadas pela National Seed Association of India (NSAI) e pela International Seed Testing Association (ISTA).
- Obter um certificado fitossanitário da autoridade competente do país exportador, garantindo que as sementes estão isentas de pragas e doenças.

4. Documentação necessária:

- **Formulário de candidatura**: Preenchido e assinado.
- **Código do importador-exportador (CEI)**: Cópia do certificado.
- **Relatório de ensaio das sementes**: Certificação de um laboratório reconhecido no país exportador.
- **Certificado fitossanitário**: Emitido pela autoridade competente do país exportador.

- **Fatura e Packing List**: Detalhe das sementes a importar.
- **Certificado de origem**: Emitido pelas autoridades competentes do país exportador.
- **Contrato ou encomenda de importação**: Cópia do contrato de importação ou da ordem de compra do fornecedor.
- **Formulário de declaração**: Declaração de que as sementes importadas estão em conformidade com os regulamentos e as normas.

5. Apresentar a candidatura:

- Apresentar o pedido devidamente preenchido, juntamente com todos os documentos exigidos, à Plant Quarantine Division, Department of Agriculture, Cooperation & Farmers Welfare.

6. Inspeção e aprovação:

- A Divisão de Quarentena Vegetal analisará o pedido e poderá efetuar uma inspeção das amostras de sementes.
- Uma vez aprovada, será emitida uma licença de importação.

7. Conformidade com os regulamentos de importação:

- Assegurar o cumprimento dos regulamentos indianos relativos à importação de sementes. Isto pode incluir tratamentos específicos, requisitos de embalagem e normas de rotulagem.

Considerações importantes:

- **Certificado fitossanitário**: Este certificado é fundamental para garantir que as sementes estão isentas de pragas e doenças.
- **Registo de variedades**: Algumas sementes podem exigir o registo da variedade junto das autoridades indianas competentes.
- **Organismos Geneticamente Modificados (OGM)**: Se as sementes forem geneticamente modificadas, poderão ser necessárias autorizações adicionais do Comité de Avaliação da Engenharia Genética (GEAC).

É aconselhável consultar um perito jurídico ou um profissional especializado na importação de sementes para garantir que todos os requisitos regulamentares são cumpridos na íntegra.

Procedimento pormenorizado de autorização de importação na Índia

A globalização e a liberalização do comércio internacional de plantas e de material vegetal, na sequência do Acordo Sanitário e Fitossanitário (SPS) no âmbito da OMC, permitiram aos comerciantes importar para o país frutas, produtos hortícolas, flores, etc. a granel, novos e de melhor qualidade. Simultaneamente, o Governo da Índia reviu o seu regulamento de importação e baptizou-o de "Plant Quarantine (Regulation of Import into India) Order, 2003" (PQ Order, 2003), emitido ao abrigo da lei de 1914 relativa aos insectos e pragas destrutivos, a fim de impedir a introdução de pragas exóticas que constituem uma ameaça para a economia agrícola nacional.

Caraterísticas principais do decreto relativo à qualidade do produto, 2003

1) As plantas e o material vegetal são autorizados a entrar na Índia após a realização da análise de risco de importação (pragas) e, em seguida, classificados nas listas IV, V, VI, VII e VIII do presente diploma. A análise do risco de pragas foi tornada obrigatória para todas as plantas/material vegetal antes da sua importação para a Índia, em conformidade com a cláusula 3(7) do decreto relativo à qualidade das plantas, de 2003. O risco de pragas e doenças exóticas é minimizado através da identificação das pragas potenciais que podem entrar no país com o produto especificado e da procura de certificação do seu estatuto de zona indemne, etc., junto do país exportador.

2. Atualmente, um total de 61 pontos de entrada, incluindo 34 portos marítimos, 12 aeroportos e 15 estações aduaneiras terrestres, são pontos de entrada notificados para a importação de plantas e material vegetal. Além disso, 60 depósitos de contentores interiores/estações de carga de contentores e 11 postos de correio estrangeiros foram também notificados para a entrada de plantas/material vegetal ao abrigo do decreto PQ de 2003. No entanto, os produtos agrícolas de base são classificados em duas categorias: sementes e material de propagação para sementeira/multiplicação e plantas e material vegetal destinados ao consumo. Por conseguinte, são autorizados a entrar na Índia a partir dos seguintes pontos de entrada

1) As sementes e o material de propagação de plantas só podem ser importados através de cinco portos principais: Amritsar, Chennai, Calcutá, Bombaim e Nova Deli;

2.Considerando que a importação de mercadorias destinadas ao consumo é autorizada através de todos os portos notificados ao abrigo do decreto relativo ao P.Q. de 2003.

3.14 As mercadorias são proibidas e notificadas na lista IV.

4.17 Os produtos notificados na lista V podem ser importados por recomendação de instituições identificadas.

5. Os produtos regulamentados para importação com declarações adicionais para pragas regulamentadas específicas e condições especiais de tratamento são abrangidos pela lista -VI.

6. a licença de importação e o certificado fitossanitário (PSC) são obrigatórios para os produtos abrangidos pela lista VI.

7) Os produtos da categoria de menor risco para efeitos de consumo sem licença de importação são especificados na lista VII.

8) O certificado fitossanitário é obrigatório para todas as remessas, exceto para certas categorias de material vegetal importado para consumo pessoal com menos de 2 kg.

9.31 As ervas daninhas de quarentena são notificadas no Cronograma VIII. Não é permitida a importação de uma remessa de sementes ou de grãos com contaminação de ervas daninhas de quarentena.

10.Importar a taxa de inspeção e a taxa de tratamento são estipuladas no Anexo-IX.

11.22 As autoridades emissoras de licenças de importação são notificadas no Apêndice X.

12.41 As Autoridades de Inspeção para realizar a Inspeção de Quarentena Pós-Entrada são notificadas no Apêndice XI.

13. A importação de germoplasma/transgénicos/OGM só é permitida com um IP emitido pelo Diretor, NBPGR, Nova Deli e a entrada só é permitida através do aeroporto de Nova Deli.

14) Não será emitida qualquer licença de importação para a importação de remessas não abrangidas pelas listas V, VI e VII sem uma análise de risco de pragas.

15. Se um comerciante desejar importar plantas e material vegetal que não conste das listas pertinentes, deve apresentar um pedido no formulário PRA solicitando a realização de uma análise de risco de pragas para a sua inclusão nas listas pertinentes com as condições necessárias, se for caso disso.

Inspeção de quarentena pós-entrada relativamente aos materiais de plantação identificados:

O material de plantação para propagação (estacas, mudas, rebentos, etc.) deve ser cultivado sob quarentena pós-entrada durante um período específico, tal como estipulado na coluna "Condições especiais" das listas do Plant Quarantine Order, 2003. A licença de importação para esse material de plantação é concedida com base num certificado das autoridades de inspeção da jurisdição em causa, que declara que o importador possui as instalações de quarentena pós-entrada para o material de plantação importado. As remessas são libertadas mediante notificação às autoridades de inspeção em causa para a realização de mais inspecções PEQ, sendo a autorização final concedida com base no relatório de inspeção PEQ.

Exigência de uma licença de importação: Um importador que pretenda importar produtos agrícolas de base deve solicitar antecipadamente a emissão de uma licença de importação para os produtos de base enumerados nos calendários V e VI do decreto relativo à qualidade dos produtos agrícolas de 2003, utilizando o formulário previsto para o efeito. Não é necessária uma licença de importação para a importação dos produtos de base enumerados no inventário VII.

Procedimento de desalfandegamento de quarentena na importação

-O importador ou o seu agente tem de apresentar um pedido, no formulário prescrito, juntamente com a licença de importação, o CSP, o certificado de origem, a fatura, a lista de embalagem, o conhecimento de embarque/avião e a nota de entrada na alfândega, à respectiva Estação de Quarentena Vegetal.

-O pedido, completo em todos os aspectos, deve ser registado após o pagamento da taxa de inspeção, de acordo com o Anexo IX da Ordem PQ, 2003, emitida para inspeção e amostragem.

As amostras são submetidas a testes laboratoriais pormenorizados, tais como radiografias, testes de lavagem, testes de incubação e de crescimento e outros testes de diagnóstico especiais para verificar a ausência de pragas exóticas

Subsequentemente, o funcionário da quarentena vegetal envia as recomendações para a sua libertação ou não às alfândegas.

O Diretor-Geral do Comércio Externo deve aplicar as disposições relativas às importações e exportações previstas na Lei sobre o Desenvolvimento e a Regulamentação do Comércio Externo, de 1992, e aconselhar e executar a política de exportação e importação (política de comércio externo) do Governo da Índia, formulada periodicamente. No âmbito desta lei, o Ministério do Comércio e da Indústria do Governo da Índia criou um portal Web intitulado Compêndio da política de importação da Índia. Este portal fornece as políticas de importação actualizadas correspondentes aos vários produtos que entram na Índia. Este compêndio orientará o importador na importação de produtos vegetais para a Índia. No entanto, para mais informações sobre a listagem dos produtos e as condições de quarentena vegetal, os operadores devem consultar o "Plant Quarantine (Regulation of Import into India) Order, 2003 (PQ Order, 2003)", emitido ao abrigo da lei de 1914 relativa aos insectos e pragas destrutivos. A secção 4 da Lei DIP autoriza as alfândegas a aplicar as notificações emitidas ao abrigo da Lei DIP, como se fossem emitidas ao abrigo da secção 11(2k) da Lei Aduaneira de 1962. Para facilitar as alfândegas, estão destacados funcionários de quarentena vegetal em todos os pontos de entrada notificados (porto marítimo/aeroporto/fronteiras terrestres) para a aplicação de vários regulamentos emitidos ao abrigo da Lei DIP de 1914.

(a) Importação de sementes/materiais vegetais para sementeira, plantação e propagação:

O importador ou o seu agente deve solicitar uma autorização de importação de sementes/materiais vegetais para sementeira, plantação e propagação com, pelo menos, sete dias de antecedência à autoridade emissora de autorizações (apêndice X) do porto de entrada designado, tal como notificado na cláusula 3(13) do Plant Quarantine (Regulation of Import into India) Order, 2003, segundo a qual todas as remessas de sementes e plantas para propagação só devem ser importadas através das estações regionais de quarentena vegetal de Amritsar, Chennai, Kolkara, Mumbai ou Nova Deli (apêndice I).

A licença de importação só será emitida para os produtos enumerados nos calendários V, VI e XII.

O importador ou o seu agente deve solicitar a licença no formulário-02 do PQ, em duplicado, juntamente com os seguintes elementos:

(i) Um cheque de pagamento/ordem de pagamento de 300 rúpias (trezentas rúpias apenas) emitido por um banco nacional a favor do "Pay and Accounts Officer, Department of Agriculture and Co-operation (Ministry of Agriculture)" da zona de jurisdição em causa.

(ii) Catálogo/fatura

(iii) Certificado de registo emitido pela National Seed Corporation ou pelo Diretor de Horticultura/Agricultura (consoante o caso)

(iv) O importador deve solicitar a certificação da instalação de quarentena pós-entrada à autoridade de inspeção no formulário PQ-18 com bastante antecedência e obter o certificado de aprovação da instalação de quarentena pós-entrada no formulário PQ-19, emitido pela autoridade de inspeção ou por qualquer funcionário autorizado pelo consultor em matéria de proteção fitossanitária do Governo da Índia, e apresentá-lo juntamente com um compromisso no formulário PQ-20 do importador de cultivar os vegetais e materiais vegetais importados no âmbito da instalação de quarentena pós-entrada aprovada (aplicável no que diz respeito a sementes e materiais de plantação que exigem quarentena pós-entrada)

O pedido recebido deve ser registado e a licença emitida no formulário 04 do pedido de QP 2003, em cinco exemplares para o porto de entrada em causa, devendo ser emitida uma etiqueta verde e laranja no formulário 05 para facilitar a identificação dos materiais de propagação de plantas à chegada. Aconselha-se o importador a enviar antecipadamente a cópia do exportador, juntamente com a etiqueta laranja e verde, ao exportador, a fim de facilitar a incorporação do número da licença de importação no certificado fitossanitário emitido no país de origem e a afixar a etiqueta laranja e verde na remessa para facilitar a sua identificação, devendo a cópia do importador ser conservada pelo importador e devidamente apresentada à autoridade fitossanitária de quarentena competente aquando da importação.

O importador deve ter em conta que a licença emitida é válida por um período de seis meses a contar da data de emissão e é válida para acessos múltiplos ao porto e expedições de partes múltiplas, desde que o exportador, o importador e o país de origem sejam os mesmos para toda a remessa.

O importador deve igualmente ter em conta que a licença emitida é válida por um período de seis meses a contar da data de emissão, podendo ser prorrogada a pedido do importador por um período adicional de seis meses, mediante o pagamento de uma taxa de revalidação de 200 rúpias. O importador deve apresentar o pedido acompanhado de uma justificação válida para a prorrogação antes do termo da validade da licença.

O importador deve ter em conta que a licença de importação emitida não é transferível e que não serão emitidas quaisquer alterações à licença, exceto no que respeita à mudança do ponto de entrada, se forem apresentadas razões válidas.

Não serão emitidas licenças de importação para a importação de produtos de base não abrangidos pela lista V, lista VI e lista XII. A análise do risco de pragas é obrigatória para a importação de novos produtos de base para a Índia. Por conseguinte, para a importação de novos produtos de base, o importador deve solicitar o formulário de pedido de análise do risco de pragas, tal como reproduzido no apêndice 9, ao Conselheiro para a Proteção das Plantas do Governo da Índia.

É permitida a importação de espécies de plantas de cultura de tecidos não enumeradas no inventário-VI, obtidas a partir de material de base testado e certificado como isento de vírus, desde que sejam submetidas a testes pelas autoridades de inspeção adequadas especificadas na parte II do inventário-XI das NQP 2003.

(b) Importação de sementes/material vegetal para consumo:

O importador ou o seu agente deve apresentar um pedido de importação de sementes/material vegetal para consumo no formulário-01 do decreto relativo à quarentena vegetal de 2003, em duplicado, com, pelo menos, sete dias de antecedência, à autoridade emissora de licenças (apêndice X) do porto de entrada em causa, conforme notificado no apêndice I, no apêndice II e no apêndice III do decreto relativo à quarentena vegetal de 2003, juntamente com um saque/ordem de pagamento de 150/- (cento e cinquenta rúpias apenas), emitido por um banco nacional a favor do "Pay and Accounts Officer, Department of Agriculture and Co-operation, Ministry of Agriculture" da zona de jurisdição em causa.

A licença de importação só será emitida para os produtos enumerados na lista V e na lista VI.

Não é necessária licença de importação para os produtos enumerados na lista VII.

O importador deve ter em conta que a licença emitida é válida por um período de seis meses a contar da data de emissão e é válida para acessos múltiplos ao porto e expedições de partes múltiplas, desde que o exportador, o importador e o país de origem sejam os mesmos para toda a remessa.

A licença de importação é emitida em cinco exemplares no formulário PQ-03 do decreto PQ de 2003. A licença é válida por seis meses e pode ser prorrogada por mais seis meses se forem apresentadas razões válidas antes do termo da licença, após o pagamento de 100 rupias como taxa de revalidação.

O importador deve ter em conta que a licença de importação emitida não é transferível e que não serão emitidas quaisquer alterações à licença, exceto no que respeita à mudança do ponto de entrada, se forem apresentadas razões válidas.

Para a importação de produtos de base não abrangidos pelos calendários V, VI e VII, a análise do risco de pragas é obrigatória para a importação de novos produtos de base para a Índia. Por conseguinte, para a importação de novos produtos de base, o importador deve solicitar o formulário de pedido de análise do risco de pragas, reproduzido no apêndice 9, ao Conselheiro para a Proteção das Plantas do Governo da Índia.

(c) Importação de germoplasma/materiais de investigação e de reprodução:

O diretor do Serviço Nacional de Recursos Fitogenéticos (NBPGR) está autorizado a emitir licenças, tal como especificado no anexo X do decreto PQ de 2003, para a importação de germoplasma/material de investigação e de reprodução para o sector público/privado do país, incluindo instituições e organizações do Conselho Indiano de Investigação Agrícola (ICAR), das Universidades Agrícolas Estatais (SAU) e do

Instituto Internacional de Investigação sobre as Culturas para os Trópicos Semiáridos (ICRISAT).

A licença de importação só será emitida para os produtos enumerados nos calendários V, VI e XII.

O importador ou o seu agente deve solicitar uma licença de importação no formulário PQ-08, em duplicado, ao Diretor, NBPGR, Nova Deli, e a licença deve ser emitida no formulário PQ-09, em triplicado, juntamente com a etiqueta vermelha/verde no formulário PQ-10 para identificação do germoplasma e a etiqueta vermelha/branca no formulário PQ-11 para identificação do organismo transgénico/genéticamente modificado.

A licença de importação para a importação de organismos transgénicos/genéticamente modificados destinados exclusivamente a fins agrícolas será emitida sob reserva da aprovação do Comité de Revisão da Manipulação Genética (RCGM) e/ou do Comité de Aprovação da Engenharia Genética instituído ao abrigo das regras relativas ao fabrico, utilização, importação, exportação e armazenamento de microrganismos perigosos, organismos geneticamente modificados ou células, estabelecidas nos termos das secções 6, 8 e 25 da Lei do Ambiente (Proteção) de 1986 (29 de 1986) e sob reserva das restrições e condições prescritas.

Não serão emitidas licenças de importação para a importação de produtos de base não abrangidos pela lista V, lista VI e lista XII. A análise do risco de pragas é obrigatória para a importação de novos produtos de base para a Índia. Por conseguinte, para a importação de novos produtos de base, o importador deve solicitar o formulário de pedido de análise do risco de pragas, reproduzido no apêndice 9, ao Conselheiro para a Proteção das Plantas do Governo da Índia.

(d) Importação de insectos vivos, algas, cogumelos, agentes de biocontrolo e culturas microbianas:

O importador ou o seu agente deve apresentar um pedido de importação dos organismos supramencionados destinados a utilização agrícola ao consultor em matéria de proteção fitossanitária (PPA) do Governo da Índia, no formulário 12 do PQ, em duplicado, com pelo menos um mês de antecedência, juntamente com uma taxa de registo de 200 rupias, através de um cheque bancário emitido a favor de "Accounts

Officer, Directorate of Plant Protection, Quarantine and Storage, N.H.-IV., Faridabad-121 001". As licenças serão emitidas no formulário 13 da PQ, se a PPA estiver convencida do objetivo para o qual as remessas estão a ser importadas.

(e) Importação de solo e turfa/ musgo de esfagno, etc:

O importador ou o seu agente deve apresentar um pedido de importação de solo, terra, argila, turfa e musgo de esfagno e material semelhante para qualquer investigação microbiológica, mecânica do solo ou mineralógica, bem como de turfa para fins hortícolas, ao Plant Protection Advisor (PPA) do Governo da Índia, no formulário PQ-06, em duplicado, com, pelo menos, um mês de antecedência, juntamente com uma taxa de registo de Rs.200/- por cheque bancário emitido a favor de "Accounts Officer, Directorate of Plant Protection, Quarantine and Storage, N.H.-IV., Faridabad-121 001". As licenças serão emitidas no formulário 07 da PQ, se a PPA estiver convencida do objetivo para o qual a remessa é importada.

Capítulo-19

ESTAÇÃO DE QUARENTENA DE PLANTAS NA ÍNDIA

As estações de quarentena de plantas na Índia desempenham um papel crucial na prevenção da introdução e propagação de pragas e doenças que podem prejudicar a agricultura, a horticultura e os recursos florestais do país. Estas estações são geridas pela Divisão de Quarentena Vegetal da Direção de Proteção Vegetal, Quarentena e Armazenamento (DPPQS), que depende do Ministério da Agricultura e do Bem-Estar dos Agricultores.

Funções-chave das estações de quarentena de plantas

1. **Inspeção e certificação:**
   o Inspeção de materiais vegetais importados para garantir que estão isentos de pragas e doenças.
   o Certificação dos materiais vegetais exportados para cumprir os requisitos fitossanitários dos países importadores.
2. **Análise de Risco de Pragas (PRA):**
   o Realização de avaliações de risco para identificar potenciais ameaças de plantas e produtos vegetais importados.
3. **Regulamentação e aplicação:**
   o Implementação e aplicação da lei de 1914 relativa aos insectos e pragas destrutivos e do decreto de 2003 relativo à quarentena das plantas (regulamentação da importação para a Índia).
4. **Tratamento de quarentena:**
   o Efetuar os tratamentos necessários, como a fumigação, a irradiação ou o tratamento térmico, para desinfestar os vegetais e os produtos vegetais.

Principais estações de quarentena de plantas na Índia

1. **Estação Nacional de Quarentena Vegetal (NPQS), Nova Deli:**
   o A estação central responsável pela coordenação das actividades de quarentena em todo o país.

2. **Estações regionais de quarentena de plantas:**
   o Chennai
   o Calcutá
   o Mumbai
   o Amritsar

3. **Estações sub-regionais de quarentena de plantas:**
   o Bangalore
   o Hyderabad
   o Cochim
   o Tuticorin
   o Visakhapatnam

4. **Estações de quarentena de plantas em aeroportos:**
   o Nova Deli
   o Mumbai
   o Chennai
   o Calcutá

Principais regulamentos e normas

- **Lei de 1914 relativa aos insectos e pragas destrutivos**: O quadro jurídico fundamental para a quarentena de plantas na Índia.

- **Ordem de Quarentena Vegetal (Regulamento de Importação para a Índia), 2003**: Diretrizes específicas para a importação de plantas e produtos vegetais para evitar a entrada de pragas exóticas.

Procedimentos de importação e exportação

1. **Importar:**
   o Apresentar um pedido de licença de importação.
   o Inspeção e amostragem por funcionários da quarentena.
   o Tratamento de quarentena, se necessário.
   o Libertação ou destruição com base nos resultados da inspeção.

2. **Exportação:**
   o Pedido de certificado fitossanitário.
   o Inspeção de plantas e produtos vegetais.

o   Certificação e tratamento, se exigido pelo país importador.

Capítulo 20

PRINCIPAL PRAGA DE QUARENTENA NA ÍNDIA

Os parasitas de quarentena na Índia são motivo de grande preocupação devido ao seu potencial para causar graves danos à agricultura e ao ambiente. Estes parasitas estão sujeitos a um controlo regulamentar para evitar a sua introdução e propagação no país. Algumas das principais pragas de quarentena na Índia incluem:

1. **Lagarta-do-cartucho (*Spodoptera frugiperda*):**
   - o Uma praga altamente destrutiva que afecta o milho e outras culturas.
   - o A doença espalhou-se rapidamente pela Índia desde a sua primeira deteção em 2018.

2. **Mosca da fruta do Mediterrâneo (*Ceratitis capitata*):**
   - o Infesta uma vasta gama de culturas frutícolas, causando grandes danos.
   - o É uma grande ameaça para a produção hortícola.

3. ***Microcyclus ulei (Microcyclus ulei*):**
   - o Doença fúngica que afecta a seringueira.
   - o Pode causar perdas económicas significativas na indústria da borracha.

4. **Nemátodos de quisto da batateira (*Globodera rostochiensis* e *Globodera pallida*):**
   - o Pragas do solo que afectam as culturas de batata.
   - o Difícil de erradicar uma vez estabelecido, levando a problemas de saúde do solo a longo prazo.

5. **Escaravelho Khapra (*Trogoderma granarium*):**
   - o Uma praga grave dos produtos cerealíferos armazenados.
   - o Conhecida pela sua capacidade de sobreviver em condições secas e causar danos graves.

6. **Moscas da fruta Bactrocera (*Bactrocera dorsalis*, *Bactrocera zonata*, etc.):**
   - o Estas espécies infestam uma variedade de culturas frutícolas e hortícolas.
   - o São pragas de quarentena importantes devido ao seu potencial de dano e propagação.

7. **Escaravelho do coco rinoceronte (*Oryctes rhinoceros*):**

- o Uma das principais pragas dos coqueiros e das palmeiras.

   - o Causa grandes danos ao perfurar as coroas das palmeiras.

8. **Gorgulho da palmeira vermelha (*Rhynchophorus ferrugineus*):**

   - o Infesta tamareiras, coqueiros e palmeiras ornamentais.

   - o Pode levar à morte das palmeiras infestadas.

9. **Pulgão lanoso da macieira (*Eriosoma lanigerum*):**

   - o Uma praga das macieiras, que causa danos nas raízes e nos caules.

   - o Reduz a produção de frutos e o vigor da árvore.

10. **Lagarta do algodão (*Helicoverpa armigera*):**

   - o Uma das principais pragas do algodão e de outras culturas, como o tomate e as leguminosas.

   - o Causa perdas substanciais de rendimento.

Estas pragas são geridas através de medidas de quarentena rigorosas, vigilância e estratégias de controlo para evitar a sua introdução e estabelecimento em novas áreas.

Capítulo-21

CERTIFICAÇÃO INTERNACIONAL DE SEMENTES

A certificação internacional de sementes é um sistema concebido para garantir a qualidade e a fiabilidade das sementes comercializadas além-fronteiras. Este processo envolve várias normas e procedimentos para verificar se as sementes cumprem critérios específicos de pureza, germinação e saúde. Eis os principais aspectos da certificação internacional de sementes:

Objectivos da certificação de sementes

1. **Garantia de qualidade**: Assegura que as sementes cumprem os padrões prescritos de pureza genética, pureza física, taxa de germinação e saúde.
2. **Facilitar o comércio**: Ajuda a ultrapassar as barreiras comerciais através da normalização da qualidade das sementes nos diferentes países.
3. **Proteção da agricultura**: Previne a propagação de doenças e pragas que podem prejudicar a produtividade agrícola.

Principais organizações e protocolos

1. **Associação Internacional de Ensaios de Sementes (ISTA):**
   - Estabelece métodos de ensaio normalizados para a qualidade das sementes.
   - Emite Certificados ISTA reconhecidos internacionalmente.
   - Os testes incluem a germinação, a pureza e o teor de humidade.
2. **Regimes de sementes da Organização para a Cooperação e Desenvolvimento Económico (OCDE):**
   - Fornece diretrizes para a certificação de variedades.
   - Facilita o comércio de sementes certificadas como satisfazendo normas específicas de identidade e pureza varietais.
   - Assegura a rastreabilidade desde a origem da semente até ao produto final.
3. **União Internacional para a Proteção das Obtenções Vegetais (UPOV):**
   - Centra-se na proteção dos direitos dos obtentores de plantas.

o Promove o desenvolvimento de novas variedades de plantas e fornece diretrizes para a certificação dessas variedades.

4. **Convenção Internacional sobre a Proteção das Plantas (IPPC):**

   o Tem por objetivo impedir a propagação de pragas vegetais através do comércio internacional.

   o Emite certificados fitossanitários que certificam que as sementes estão isentas de pragas específicas.

Processo de certificação

1. **Produção de sementes:**

   o Os campos onde as sementes são cultivadas devem ser inspeccionados para garantir que cumprem as normas de certificação.

   o Controlo das distâncias de isolamento, da utilização de plantas de tipo diferente e de outras práticas de cultivo.

2. **Teste de sementes:**

   o As amostras dos lotes de sementes são testadas em laboratórios acreditados.

   o Testes de pureza genética, pureza física, taxa de germinação, saúde das sementes e outros atributos.

3. **Inspeção no terreno:**

   o Inspecções regulares por funcionários certificados para garantir o cumprimento das normas.

   o Os inspectores verificam a pureza das variedades, a ausência de ervas daninhas proibidas e a saúde geral das culturas.

4. **Certificação e rotulagem:**

   o Após testes e inspecções bem sucedidos, as sementes são certificadas e rotuladas em conformidade.

   o As etiquetas fornecem informações sobre a pureza genética da semente, a taxa de germinação e outros dados críticos.

Benefícios da certificação internacional de sementes

1. **Maior credibilidade:** As sementes certificadas têm uma marca de qualidade reconhecida a nível mundial.

2. **Acesso ao mercado**: Facilita a entrada nos mercados internacionais através do cumprimento de requisitos regulamentares rigorosos.

3. **Confiança do agricultor**: É mais provável que os agricultores comprem sementes certificadas devido à garantia de qualidade.

4. **Controlo de doenças e pragas**: ajuda a minimizar o risco de propagação de pragas e doenças através das fronteiras.

Desafios e considerações

1. **Custos de conformidade**: O processo de certificação pode ser dispendioso, limitando potencialmente o acesso dos pequenos produtores.

2. **Harmonização de normas**: Os diferentes países podem ter normas diferentes, o que dificulta o cumprimento uniforme.

3. **Sensibilização e formação**: Assegurar que todas as partes interessadas estão conscientes e receberam formação sobre os procedimentos de certificação.

Conclusão

A certificação internacional de sementes é um processo vital para manter elevados padrões de qualidade das sementes e facilitar o comércio global. Ao aderir a esquemas e protocolos de certificação reconhecidos, os produtores de sementes podem garantir que os seus produtos cumprem as normas de qualidade necessárias, aumentando assim a produtividade agrícola e protegendo a segurança alimentar global.

Capítulo 22

CLASSE DE SEMENTES NO COMÉRCIO DE SEMENTES

O sistema de geração de multiplicação de sementes é uma abordagem estruturada para produzir sementes de alta qualidade através de gerações sucessivas, garantindo a preservação da pureza genética, identidade e vigor.

Este sistema de classificação é adotado a nível mundial, incluindo nos países da SAARC, e inclui normalmente as seguintes classes

1. Sementes de reprodutores

- **Definição**: O lote original de sementes produzido diretamente pelo obtentor ou pela instituição de origem. Constitui a fonte primária de todas as classes de sementes subsequentes.
- **Caraterísticas**:
    - O mais alto nível de pureza e qualidade genética.
    - Mantidos e supervisionados pelo criador ou instituição de investigação.
- **Cor da etiqueta**: amarelo dourado.
- **Objetivo**: Utilizado para produzir sementes de base.

2. Semente de fundação

- **Definição**: Sementes produzidas a partir de sementes de seleção, geralmente sob a supervisão de instituições de investigação agrícola ou de produtores de sementes certificados.
- **Caraterísticas**:
    - Elevada pureza genética e física, próxima dos padrões das sementes de reprodutores.
    - Estritamente controlado e mantido.
- **Cor da etiqueta**: branco.
- **Objetivo**: Utilizado para produzir sementes registadas (se for caso disso) ou sementes certificadas.

3. Sementes registadas

- **Definição**: Uma categoria intermédia produzida a partir de sementes de base. Esta categoria não é utilizada universalmente, mas está presente em alguns países para fazer a ponte entre as sementes de base e as sementes certificadas.
- **Caraterísticas**:
  - Elevados padrões de pureza, embora ligeiramente inferiores aos da semente de fundação.
- **Cor da etiqueta**: roxo.
- **Objetivo**: Utilizado para produzir sementes certificadas em grandes quantidades.
- **Nota**: Nem todos os países utilizam esta classe; depende dos sistemas nacionais de certificação de sementes.

4. Sementes certificadas

- **Definição**: Sementes produzidas a partir de sementes de base (ou sementes registadas, se aplicável) que cumprem as normas de pureza genética, identidade e qualidade.
- **Caraterísticas**:
  - Elevada pureza e taxas de germinação.
  - Adequado para a produção de culturas comerciais.
- **Cor da etiqueta**: azul.
- **Objetivo**: Vendido aos agricultores para a produção de culturas comerciais.

5. Sementes Verdadeiramente Rotuladas (TFL)

- **Definição**: Sementes que não são formalmente certificadas, mas que são rotuladas pelo produtor com informações sobre a sua qualidade e origem.
- **Caraterísticas**:
  - A qualidade é declarada pelo produtor, embora não seja verificada por um processo formal de certificação.
  - Fornece informações essenciais ao agricultor, mas com menos garantias do que as sementes certificadas.
- **Objetivo**: Utilizado em zonas com acesso limitado a sementes certificadas ou onde a certificação formal é impraticável.

Práticas específicas de cada país

Embora o sistema de classificação geral seja semelhante nos países da SAARC, as práticas específicas e os quadros regulamentares podem variar. Eis alguns exemplos:

1. **Índia:**
   - Segue a Lei das Sementes, de 1966, e as Regras das Sementes, de 1968.
   - As sementes de reprodutores, de fundação, certificadas e TFL são as classes principais.
2. **Paquistão:**
   - A Lei das Sementes, de 1976, rege a certificação das sementes.
   - Inclui sementes de criador, de fundação, registadas e certificadas.
3. **Bangladesh:**
   - Decreto sobre as sementes, 1977, e Regras sobre as sementes, 1998.
   - As classes incluem sementes Breeder, Foundation, Certified e TFL.
4. **Nepal:**
   - Lei das Sementes, de 1988, e Regulamento das Sementes, de 2013.
   - Sistema de classificação semelhante com as sementes de reprodução, de fundação e certificadas.

Importância do sistema de produção

1. **Garante a qualidade**: Cada geração mantém padrões rigorosos de pureza genética e qualidade física.
2. **Rastreabilidade**: Permite rastrear a origem e o historial da semente, garantindo a transparência.
3. **Sustentabilidade**: Ajuda a manter a integridade genética das variedades de culturas ao longo de várias gerações.
4. **Confiança do agricultor**: Os agricultores confiam nas sementes certificadas pelo seu desempenho consistente e fiabilidade.

Conclusão

O sistema de geração de multiplicação de sementes é uma abordagem metódica para produzir sementes de alta qualidade através de gerações sucessivas. Ao manter normas rigorosas e inspecções rigorosas em cada fase, este sistema assegura que as sementes permanecem geneticamente puras, fisicamente limpas e com elevado desempenho, apoiando, em última análise, a produtividade agrícola e a segurança alimentar.

Capítulo 23

IMPORTADOR EXPORTADOR CÓDIGO

O código IEC é: "Código do Importador-Exportador". **Para importar ou exportar na Índia, o Código CEI é obrigatório.** Nenhuma pessoa ou entidade pode efetuar qualquer importação ou exportação sem o número de código CEI. O código IEC é um **código** único **de 10 dígitos** emitido pela DGFT - Diretor-Geral do Comércio Externo, Ministério do Comércio, Governo da Índia às empresas indianas.

Pedido de concessão de um número CEI

O pedido de atribuição de um número de CEI deve ser apresentado pela **sede social** do requerente à autoridade regional mais próxima da Direção-Geral do Comércio Externo, à sede social, no caso das empresas, e à sede social, no caso de outras empresas, através do <u>formulário </u>"<u>Aayaat Niryaat Form - ANF2A</u>" e deve ser acompanhado dos documentos nele previstos.

Só pode ser emitido um IEC para um único número PAN. Qualquer proprietário só pode ter um número de CEI e, no caso de haver mais do que um CEI atribuído a um proprietário, o mesmo pode ser entregue à delegação regional para ser cancelado.

N.º CEI: Categorias isentas

As seguintes categorias de importadores ou exportadores estão isentas de obter o número de Código de Importador-Exportador (CEI):

1. Importadores abrangidos pela cláusula 3 (1) [exceto as subcláusulas (e) e (l)] e exportadores abrangidos pela cláusula 3 (2) [exceto as subcláusulas (i) e (k)] do Foreign Trade (Exemption from application of Rules in certain cases) Order, 1993.

2. **Ministérios/Departamentos do Governo Central ou do Governo do Estado.**

3. Pessoas que importam ou exportam mercadorias **para uso pessoal** não relacionado com o comércio, a indústria ou a agricultura.

4. Pessoas que importam/exportam mercadorias de/para o Nepal, desde que o **valor CIF** de uma única remessa não exceda 25 000 rupias indianas.

5. As pessoas que importam/exportam mercadorias de/para Mianmar através das zonas fronteiriças entre a Índia e Mianmar, desde que o valor CIF de uma única remessa não exceda 25 000 rupias indianas.

    Contudo, a isenção da obrigação de obter um número de código de importador-exportador (CEI) não é aplicável à exportação de produtos químicos, organismos, materiais, equipamentos e tecnologias especiais (SCOMET) enumerados no apêndice 3, lista 2 da ITC (SH), exceto no caso das exportações da categoria ii) supra.

6. Os seguintes números CEI permanentes devem ser utilizados pelas categorias de importadores/exportadores neles mencionados para efeitos de importação/exportação.

S.N	Número de código	Categorias de importadores / exportadores
1	0100000011	Todos os ministérios/departamentos da administração central e agências que lhes pertencem total ou parcialmente.
2	0100000029	Todos os ministérios/departamentos de qualquer governo estatal e agências que lhes pertençam total ou parcialmente.
3	0100000037	Pessoal diplomático, funcionários conselheiros na Índia e funcionários da ONU e das suas agências especializadas.
4	0100000045	Indianos que regressam do/para o estrangeiro e solicitam o benefício ao abrigo das regras relativas à bagagem.

5	0100000053	Pessoas / Instituições / Hospitais que importam ou exportam mercadorias para uso pessoal, não relacionadas com o comércio, a indústria ou a agricultura.
6	0100000061	Pessoas que importam / exportam mercadorias do / para o Nepal
7	**0100000070**	Pessoas que importam/exportam mercadorias de/para Myanmar através das zonas fronteiriças indo-mianmarenses
8	**0100000088**	Fundação Ford
9	0100000096	Importadores que importam mercadorias para exposição ou utilização em feiras/exposições ou eventos semelhantes ao abrigo das disposições do **livrete ATA** Este número CEI também pode ser utilizado pelos importadores que importam para exposições/feiras, em conformidade com o ponto 2.29 do HBPv1.
10	0100000100	Diretor, Laboratório Nacional de Referência do Grupo Sanguíneo, Bombaim ou os seus escritórios autorizados.
11	0100000126	Pessoas singulares/instituições de caridade/ONG registadas que importem mercadorias que tenham sido isentas de direitos aduaneiros ao abrigo da

		notificação emitida pelo Ministério das Finanças para utilização legítima pelas vítimas afectadas por calamidades naturais.
12	0100000134	Pessoas que importam/exportam mercadorias autorizadas mercadorias, tal como notificado periodicamente, de/para a China através dos portos de Gunji, Namgaya Shipkila e Nathula, sob reserva dos limites máximos de valor de uma única remessa, tal como indicado no ponto 2.8, alínea iv), supra.
13	0100000169	Importações e exportações não comerciais efectuadas por entidades que tenham sido autorizadas pelo Banco Central da Índia.

Nota: As empresas comerciais do sector público (PSU) que tenham obtido o PAN devem, contudo, obter o número de código de importador-exportador. O número CEI permanente, tal como acima referido, deve ser utilizado pelas PSU não comerciais

Capítulo-24

CRIAÇÃO DE UMA EMPRESA DE SEMENTES

O estabelecimento de uma empresa de sementes na Índia envolve várias etapas, incluindo registos legais, obtenção de licenças, criação de infra-estruturas e cumprimento de regulamentos. Eis um guia geral:

1. **Pesquisa de mercado**: Compreender a procura de sementes em diferentes regiões da Índia, os tipos de culturas que os agricultores estão a cultivar e a concorrência no sector das sementes.

2. **Plano de negócios**: Desenvolver um plano de negócios abrangente que descreva os seus objectivos, o mercado-alvo, a gama de produtos, a estratégia de preços, o plano de marketing e as projecções financeiras.

3. **Estrutura jurídica**: Decidir qual a estrutura jurídica da sua empresa, por exemplo, sociedade unipessoal, sociedade em nome coletivo, sociedade de responsabilidade limitada (LLP) ou sociedade por quotas. Registe a sua empresa em conformidade no Ministério dos Assuntos Empresariais.

4. **Registar a empresa**: Registar a sua empresa de sementes no Registrar of Companies (ROC) ao abrigo do Companies Act, 2013. Obter os certificados e licenças necessários, incluindo o Número de Conta Permanente (PAN) e o Número de Identificação Fiscal (TIN).

5. **Licença de sementes**: Obter uma licença de sementes da Agência de Certificação de Sementes (SCA) ou da Agência Estatal de Certificação de Sementes (SSCA) do seu respetivo estado. Esta licença é obrigatória para a venda de sementes na Índia e garante que as suas sementes cumprem as normas de qualidade especificadas pelo governo.

6. **Infra-estruturas**: Estabelecer infra-estruturas para a produção, transformação, ensaio e armazenamento de sementes. Assegure-se de que as suas instalações cumprem as normas prescritas pelo governo.

7. **Aquisição de sementes**: Estabelecer relações com fornecedores de sementes, criadores e agricultores para adquirir sementes de alta qualidade. Pode também investir em investigação e desenvolvimento para desenvolver novas variedades de sementes ou melhorar as existentes.

8. **Controlo de qualidade**: Implementar medidas de controlo de qualidade ao longo das fases de produção e transformação das sementes para garantir que as suas sementes cumprem as normas prescritas em termos de germinação, pureza e vigor.

9. **Rede de distribuição**: Desenvolver uma rede de distribuição para chegar aos agricultores nas diferentes regiões da Índia. Isto pode envolver parcerias com distribuidores, retalhistas, agências de extensão agrícola e cooperativas de agricultores.

10. **Marketing e promoção**: Implementar estratégias de marketing para promover a sua marca de sementes entre os agricultores. Isto pode incluir a organização de demonstrações no terreno, a participação em feiras e exposições agrícolas e a publicidade através de vários canais.

11. **Conformidade e regulamentos**: Mantenha-se atualizado com os mais recentes regulamentos e requisitos de conformidade relacionados com a produção, comercialização, rotulagem e embalagem de sementes na Índia. Certifique-se de que as suas operações cumprem estes regulamentos para evitar quaisquer problemas legais.

12. **Melhoria contínua**: Esforçar-se continuamente para melhorar a qualidade das suas sementes, aumentar a satisfação do cliente e adaptar-se à dinâmica do mercado e às tendências agrícolas em constante mudança.

13. **Gestão financeira**: Gerir as suas finanças de forma prudente, mantendo um registo das despesas, receitas e lucros. Invista em investigação e desenvolvimento, actualizações de infra-estruturas e iniciativas de marketing para fazer crescer o seu negócio de sementes.

14. **Procurar aconselhamento profissional**: Se necessário, procurar aconselhamento de consultores jurídicos, peritos agrícolas e consultores empresariais para navegar através das complexidades de estabelecer e gerir uma empresa de sementes na Índia.

Lembre-se de que o processo de criação de uma empresa de sementes na Índia pode variar em função de factores como o tipo de sementes que pretende produzir, a escala das suas operações e os requisitos regulamentares do seu Estado específico. É essencial efetuar uma investigação exaustiva e procurar assistência profissional para garantir uma instalação sem problemas e um funcionamento bem sucedido da sua empresa de sementes.

Capítulo 25

ORGANIZAÇÃO DE ORGANIZAÇÕES DE PRODUTORES DE SEMENTES

Uma organização de produtores (OP) é uma entidade jurídica formada por produtores primários, ou seja, agricultores ou cultivadores. Uma OP pode ser uma empresa de produtores, uma sociedade cooperativa ou qualquer outra forma jurídica que preveja a partilha de lucros/benefícios entre os membros. Nalgumas formas, como as sociedades de produtores, as instituições de produtores primários também podem tornar-se membros da OP. O controlo da propriedade está sempre nas mãos dos membros e a gestão é feita através dos representantes dos membros.

Agências patrocinadoras:

O NABARD, o SFAC, os departamentos governamentais, as empresas e as agências de ajuda nacionais e internacionais prestam apoio financeiro e/ou técnico à instituição promotora da organização de produtores (POPI) para a promoção e o acompanhamento da OP. Cada agência tem os seus próprios critérios para selecionar o projeto/instituição promotora a apoiar.

Objetivo

1. assegurar um melhor rendimento aos produtores através de uma organização própria

2. assegurar uma melhor realização dos rendimentos dos seus membros (que são produtores) através da agregação e, se possível, da adição de valor

Organização de Produtores Agrícolas (OPP)

Trata-se de um tipo de OP em que os membros são agricultores. O Small Farmers' Agribusiness Consortium (SFAC) está a prestar apoio à promoção das OPFs. OP é um nome genérico para uma organização de produtores de qualquer produto

Caraterísticas essenciais de uma OP

i.   É formado por um grupo de produtores para actividades agrícolas ou não agrícolas.

ii. Trata-se de um organismo registado e de uma entidade jurídica.

iii. Os produtores são acionistas da organização.

iv. Trata-se de actividades comerciais relacionadas com o produto primário/produto.

v.   Funciona em benefício dos produtores membros.

vi.   Uma parte dos lucros é partilhada entre os produtores.

vii.   O resto do excedente é adicionado aos seus fundos próprios para expansão da atividade

Formas jurídicas da Organização de Produtores (OP)

i.   Lei das Sociedades Cooperativas/ Lei das Sociedades Cooperativas Autónomas ou de Ajuda Mútua do respetivo Estado

ii.   Lei sobre as sociedades cooperativas multiestatais, 2002

iii.   Empresa produtora ao abrigo da Secção 581(C) do Indian Companies Act, 1956, com a redação que lhe foi dada em 2013

iv.   Secção 25 da Lei das Sociedades Indianas de 1956, com a redação que lhe foi dada pela Secção 8 em 2013

v.   Sociedades registadas ao abrigo do Society Registration Act, 1860

vi.   Trusts públicos registados ao abrigo do Indian Trusts Act, 1882

Quem pode constituir/formar uma sociedade

a.   Uma sociedade pode ser constituída com, pelo menos, 10 membros de idade superior a 18

b.   Se o objeto da sociedade for a criação de fundos para serem emprestados aos seus membros, todos os membros devem residir na mesma cidade, aldeia ou grupo de aldeias ou todos os membros devem pertencer à mesma tribo, classe, casta ou ocupação, salvo indicação em contrário do Conservador

c.   A disposição que prevê um mínimo de 10 membros ou que residam na mesma cidade/aldeia, etc., não é aplicável se uma sociedade registada for membro de outra sociedade

d.   A última palavra no nome da sociedade deve ser "Limited", se a sociedade estiver registada com responsabilidade limitada

e.   O conservador tem competência para decidir se uma pessoa é agricultor ou não agricultor ou se reside na mesma cidade/aldeia, etc., e a sua decisão é definitiva

Cada sociedade será gerida por um Comité ou pelo Conselho de Administração. Os dirigentes de uma sociedade incluem o Presidente, o Secretário, o Tesoureiro, os membros do Comité ou outras pessoas com poderes, ao abrigo das regras ou dos estatutos, para dar instruções relativamente à atividade da sociedade

2. Empresa produtora

Uma sociedade de produtores é um híbrido entre uma sociedade anónima e uma sociedade cooperativa, usufruindo assim dos benefícios da gestão profissional de uma sociedade anónima, bem como dos benefícios mútuos derivados de uma sociedade cooperativa.

- ✓ As cláusulas da sociedade anónima são aplicáveis às sociedades de produtores, com exceção das cláusulas especificadas na lei relativa às sociedades de produtores (Producer Company Act) de 581-A a 581-ZL, que as diferenciam de uma sociedade privada ou limitada normal. Isto permite um enquadramento profissional para uma empresa de produção
- ✓ Não pode haver qualquer participação do Estado ou de capitais privados nas empresas de produção, o que implica que a PC não pode tornar-se uma empresa pública ou uma sociedade anónima. Por conseguinte, não existe qualquer ameaça governamental ou de outra natureza para o funcionamento profissional da empresa.
- ✓ A área de operação de um PC é todo o país, o que lhe dá flexibilidade para se expandir e fazer negócios de forma livre e profissional

Assim, Empresa Produtora" significa

a. uma pessoa colectiva registada ao abrigo do Companies Act alterado de 1956,
b. nos termos da secção 465 da Lei das Sociedades de 2013, as disposições da Parte IX A da Lei das Sociedades de 1956 são aplicáveis mutatis mutandis a uma empresa produtora c. O objeto social da empresa produtora deve confirmar as actividades previstas na secção 581B da Lei das Sociedades de 1956

Membros de uma empresa produtora

a. Numa sociedade de produtores, apenas os produtores primários ou as organizações de produtores podem tornar-se membros
b. A qualidade de membro é adquirida através da compra de acções de uma empresa produtora
c. Uma Sociedade de Produtores só pode atuar através dos seus membros
d. Os membros criam a empresa
e. Os sócios podem também dissolver a sociedade
f. Os membros agem através das suas Assembleias Gerais

Capital social mínimo para uma empresa produtora

a. O Capital Autorizado mínimo da Empresa Produtora é de Rs.5 lakh.

b. O capital autorizado da empresa pode ser superior a Rs. 5 lakh, conforme indicado no Memorando de Associação.

c. O capital social autorizado deve ser suficiente para a realização dos objectivos mencionados nos estatutos.

d. O capital social autorizado deve ser realista.

e. O capital mínimo realizado pela empresa produtora é de Rs. 1 Lakh.

Formalidades legais para a constituição de uma sociedade de produtores

a. Obter a assinatura digital do diretor nomeado, que aporá a DSC em todos os documentos a apresentar ao RoC em linha, em nome da empresa.

b. Escolher, no máximo, 4 nomes para a empresa produtora, por ordem de preferência.

c. Solicitar a disponibilidade da denominação no Formulário - INC1.

d. Assim que o nome estiver disponível, é recebida uma carta do ROC a indicá-lo. Os documentos a apresentar posteriormente ao ROC são os seguintes: e. Estatutos de associação (AoA).

e. Memorando de Associação (MoA). g. Formulário n.º INC-22 para a Sede Social.

f. Formulário n.º DIR-12 para a nomeação de diretores.

g. Solicitar em linha o número de identificação de diretor (DIN) para os diretores propostos.

h. INC-7 - Declarações juramentadas dos subscritores do contrato de sociedade a apresentar, no caso de terem assinado em hindi.

i. Procuração a favor de um consultor para o autorizar a efetuar as alterações necessárias no MoA e no AoA, tal como exigido pelo RoC.

j. Apresentar os documentos ao RoC para a constituição da empresa produtora.

k. Obter o certificado de início de atividade no INC-21

Como obter um certificado de assinatura digital?

a. Certificados de assinatura digital: Servem como prova de identidade de uma pessoa para um determinado fim. Os DSC são utilizados pelas pessoas para registar vários documentos importantes em linha.

b. Todos os documentos devem ser assinados digitalmente e apresentados em linha ao Registo de Empresas (RoC), em conformidade com o programa MCA21 e-Governance e com a Lei das Tecnologias da Informação de 2000.

c. O Certificado de Assinatura Digital (CSD) deve ser obtido para assinar documentos da PC para apresentação em linha pela pessoa autorizada da PC.

d. O formulário para a obtenção do certificado de assinatura digital (DSC) está disponível nas agências de certificação das autoridades de certificação.

e. Após o preenchimento do formulário, este deve ser apresentado às autoridades de certificação.

f. Os DSC são emitidos com uma validade normal de um ou dois anos e podem ser renovados posteriormente.

g. Existem três categorias de DSC, nomeadamente a categoria 1, a categoria 2 e a categoria 3. O DSC de classe -2 deve ser utilizado por um indivíduo para preencher vários formulários para a empresa produtora ou para apresentar uma declaração de imposto sobre o rendimento.

h. O custo da obtenção da classe -2 (DSC) é determinado pelo mercado e depende da agência de certificação, custando 1 000 rupias por um ano e 1 200 rupias.

Autoridade de Certificação (CA) para Certificado de Assinatura Digital

A Lei das TI prevê que o Controlador das Autoridades de Certificação (CCA) licencie e regule o funcionamento das Autoridades de Certificação. As autoridades de certificação (CA) emitem certificados de assinatura digital para autenticação eletrónica dos utilizadores. Atualmente, as seguintes organizações estão autorizadas como autoridades de certificação pelo CCA, Governo da Índia.

i. NIC (apenas para departamentos/empresas governamentais) (http://nicca.nic.in)

ii. (n)Code Solutions CA(GNFC) (www.ncodesolutions.com)

iii. Safescript (www.safescrypt.com)

iv. TCS (www.tcs-ca.tcs.co.in)

v. MTNL (www.mtnltrustline.com)

vi. Alfândega e Exercício Central (www.icert.gov.in)

vii. e-Mudhra (www.e-mudhra.com)

viii. IDRBT

Número de identificação do diretor (DIN)

O Ministério dos Assuntos das Empresas (MCA) mantém os dados de todos os diretores de todas as empresas com um número de identificação único, denominado Número de Identificação do Diretor (DIN).

a. . Todos os diretores têm de possuir um formulário DIN da MCA. O formulário DIN está disponível no sítio Web da MCA. Antes da formação do PC, todos os Diretores / Presidente devem ter o DIN.

b. Se algum diretor tiver obtido um DIN, não é necessário obtê-lo de novo.

c. Na candidatura em linha, o MCA fornece DIN a um custo de 1000 rupias contra prova de identidade. Para efeitos de identidade, apenas são aceites o cartão PAN, o cartão de eleitor, o passaporte ou o número da carta de condução.

Denominação da empresa

a. O nome de cada Producer Company deve ser único.

b. O nome de todas as empresas produtoras deve terminar com "Producer Company Limited", o que indica o seu estatuto de empresa produtora.

c. Solicitar o nome em linha ao MCA no formulário eletrónico INC-1. f. Deve ser paga uma taxa de 1000 Rs. juntamente com o formulário eletrónico INC-1.

d. É necessário anexar a assinatura digital do requerente do nome.

e. Se o nome não estiver disponível, o RoC informá-lo-á desse facto. Para o efeito, é necessário apresentar um novo conjunto de nomes no mesmo pedido.

Memorando de Associação (MoA)

a. O MoA é um documento que indica as actividades que a empresa pode realizar.

b. O MoA deve ser preparado cuidadosamente para cobrir todas as actividades planeadas para o presente e o futuro da Empresa Produtora de uma forma ampla.

c. O MoA deve ser preparado e impresso em ambos os lados do papel.

d. Deve ser subscrito/assinado pelo número necessário de subscritores/promotores, de próprio punho, juntamente com dados como o nome do pai, a profissão, o endereço e o número de acções por eles subscritas.

e. O MoA deve ser datado após a data de aposição do carimbo nos Estatutos da Associação (AoA).

Estatutos da Associação (AoA)

a. O AoA é um documento que especifica as regras de funcionamento de uma empresa.

b. Define o objetivo da empresa e estabelece a forma como as tarefas devem ser realizadas dentro da organização.

c. Inclui o processo de nomeação dos Diretores e a forma como os registos financeiros são tratados. d. A AO deve ser preparada e impressa em ambos os lados do papel.

d. Deve ser subscrito/assinado pelo número necessário de subscritores/promotores, de próprio punho, juntamente com dados como o nome do pai, a profissão, o endereço e o número de acções subscritas.

Documentos para a constituição de uma sociedade de produtores

a. Cópia da carta do RoC confirmando a disponibilidade do nome.

b. MoA e AoA devidamente carimbados e assinados.

c. Formulário INC-22 indicando a sede social da empresa com o endereço completo.

d. Formulário DIR-12 em duplicado com informações sobre os administradores da empresa.

e. Formulário INC-7, em papel selado, que declara o cumprimento de todas as disposições relativas à constituição de sociedades.

f. Consentimento de cada um dos diretores, juntamente com o formulário DIR-12.

g. Uma declaração juramentada indicando que o MoA foi plenamente compreendido pelos assinantes/assinantes, se estes assinarem em hindi.

h. Procuração para o agente que está a tratar com o RoC para fazer correcções no MoA e no AoA, se necessário, a contento do RoC.

Certificado de início de atividade (CoC)

O CoC é emitido pelo RoC como prova conclusiva da constituição de uma empresa de produção. A empresa produtora é efectiva e passa a existir a partir da data mencionada no certificado de registo concedido pelo RoC.

Quem suportará os custos de registo de uma sociedade de produtores

Inicialmente, os promotores da empresa suportarão o custo do registo da empresa. O custo de registo pode ser reembolsado aos promotores, devidamente aprovado pela assembleia geral na sua primeira reunião, com uma resolução aprovada para o efeito. A empresa é gerida pelos membros/acionistas, pelo conselho de administração e pelos titulares de cargos.

Conselho de Administração (CA)

O Conselho de Administração é eleito pelos membros. Só pode agir coletivamente através de reuniões.

Como tornar-se membro de uma empresa produtora?

   a. Ao subscrever o MoA.

   b. Através de um acordo escrito para se tornar membro e de uma inscrição no registo.

Autoridade dos sócios sobre a sociedade

Os sócios só exercem autoridade sobre a sociedade através das Assembleias Gerais. Só as Assembleias Gerais podem fazer o seguinte:

   a. Aprovar o orçamento e adotar as contas anuais da empresa

   b. Aprovar o quantum do preço retido

   c. Aprovar o prémio de mecenato

   d. Autorizar a emissão de acções gratuitas

   e. Nomear um auditor f. Declarar um dividendo e decidir sobre a distribuição do mecenato

   f. Alterar o MoA e o AoA

   g. Especificar as condições e os limites dos empréstimos que podem ser concedidos pelo Conselho de Administração a qualquer Diretor i. Aprovar qualquer ato ou qualquer outro assunto que esteja especificamente reservado nos estatutos para decisão dos membros

Quantos conselhos de administração são permitidos numa empresa produtora?

Uma empresa produtora pode ter um mínimo de 5 Diretores e não mais de 15 Directorespoderes e funções do Conselho de Administração. O Conselho de Administração é responsável por formular, supervisionar e monitorizar o desempenho da empresa produtora. Não deve atuar nas áreas reservadas ao Órgão Geral e não deve exercer poderes executivos.

Quais são os assuntos que o Conselho de Administração geralmente trata?

a. Determinação do dividendo a pagar;

b. A determinação do montante do preço retido e do patrocínio recomendado deve ser aprovada em Assembleia Geral;

c. Admissão de novos membros;

d. Procurar e formular a política e os objectivos da organização, estabelecer objectivos anuais e a longo prazo e aprovar estratégias e planos financeiros da empresa;

e. Nomear o diretor executivo (CEO) e outros funcionários, conforme especificado nos estatutos. Controlar o CEO e outros funcionários, exercendo superintendência e direção; f. Sancionar qualquer empréstimo ou adiantamento a membros, que não sejam administradores ou seus familiares, no decurso da sua atividade;

f. Assegurar a manutenção de livros corretos;

g. Adquirir ou alienar bens da empresa no âmbito das actividades correntes da empresa;

h. Investimento dos fundos na atividade quotidiana;

i. Assegurar que as contas anuais são apresentadas à Assembleia Geral Anual (AGA) juntamente com o relatório do auditor.

Nomeação do Conselho de Administração

Os nomes do primeiro Conselho de Administração estão indicados no MoA. A AGM elege os diretores na primeira reunião e, posteriormente, sempre que necessário.

Duração do mandato dos diretores

O mandato de um diretor nomeado pela AGM tem a duração mínima de um ano e máxima de 5 anos.

Número de membros de uma OP

O número mínimo de membros depende da forma jurídica da OP. 10 ou mais produtores primários podem constituir uma Sociedade de Produtores ao abrigo da Secção 581(C) da Lei das Sociedades Indianas de 1956 (as mesmas disposições são mantidas na Lei de 2013). Não há restrições quanto ao número máximo de membros. Em geral, a OP exige uma certa escala mínima de funcionamento para se manter em atividade. Esta escala/volume de operação é conhecida como nível de equilíbrio. Estudos demonstraram que uma OP necessitará de cerca de 700 a 1000 produtores activos como membros para um funcionamento sustentável.

Regime fiscalPOs

Imediatamente após a constituição, uma OP tem de obter o número PAN junto do departamento do imposto sobre os rendimentos e o número TIN junto do departamento do imposto comercial para poder exercer a sua atividade. Além disso, a empresa tem de se registar para efeitos do imposto sobre bens e serviços junto do departamento do imposto comercial. Atualmente, nem todas as FPO podem beneficiar de uma isenção fiscal equiparada à das cooperativas. As empresas de produção são tributáveis em pé de igualdade com as sociedades de responsabilidade limitada e as sociedades anónimas. No entanto, entre os vários incentivos fiscais de que beneficiam as empresas de produção, podem citar-se os seguintes

    a. O rendimento obtido por uma empresa produtora através de actividades agrícolas, tal como definido na Lei do Imposto sobre o Rendimento de 1961, tal como alterada periodicamente, é tratado como rendimento agrícola e está isento de tributação.

    b. O Governo da Índia, através da Lei das Finanças de 2012, reduziu o direito aduaneiro sobre a importação de equipamento agrícola e suas partes, o que beneficiará em grande medida as empresas produtoras envolvidas em actividades agrícolas.

    c. As empresas produtoras que se dedicam ao cultivo e fabrico de chá, café ou borracha podem beneficiar de deduções no que respeita ao depósito de qualquer montante num banco nacional ou em qualquer outro banco, em conformidade com o regime aprovado entre a empresa e o respetivo conselho.

Principais diferenças entre as sociedades de produtores e as sociedades cooperativas

PARÂMETRO	SOCIEDADE COOPERATIVA	EMPRESA PRODUTORA
Registo	Lei das Sociedades Cooperativas	Lei das Sociedades Indianas
Área de atuação	Restrito, discricionário	Toda a União da Índia
Associação	Indivíduos e cooperativas	Qualquer indivíduo, grupo, associação, produtor de bens ou serviços
Partilhar	Não transaccionáveis	Não negociáveis, mas transferíveis; limitados aos membros pelo valor nominal
Participação nos lucros	Dividendos limitados sobre acções	Em função do volume de negócios
Direitos de voto	Um membro, um voto, mas o Governo e o Registo de Cooperativas têm poder de veto	Um sócio, um voto. Os sócios que não tenham transacções com a sociedade não podem votar

Estimativa do custo de constituição de uma empresa produtora

Dados	Rubrica de despesas	Custo (Rs)
Pedido de nome do PC		500
Assinatura digital		2600
Imposto de selo	Contrato de sociedade e estatutos	1500
Taxas de registo/apresentação	MoA, AoA, Formulário-1, Formulário-18, Formulário-32	17200
Honorários do revisor oficial de contas ou do secretário da sociedade	Taxa de consultoria	10000
Cancelamento de selos		300

Despesas de declaração juramentada	Honorários do notário	500
Taxas de transferência de acções e processamento		5000
Despesas diversas		2000
		39600

Sociedade Anónima Privada

A Private Limited Company (PLC) é um dos tipos mais comuns de entidade jurídica na Índia. As sociedades de responsabilidade limitada são regidas pela Lei das Sociedades de 2013 e exigem um mínimo de 2 diretores e 2 acionistas, sendo um dos diretores um residente indiano e um cidadão indiano.

Para registar uma empresa na Índia, os requisitos mínimos são os seguintes:

a. 2 Diretores - 1 pessoa deve ter nacionalidade indiana e ser residente na Índia

b. 2 Acionistas - Os Administradores podem ser acionistas

c. Sede social na Índia

A propriedade direta estrangeira (IDE) a 100% é autorizada na maior parte dos sectores na Índia e não há qualquer restrição à participação estrangeira no capital de uma sociedade anónima. Por conseguinte, a maior parte das filiais estrangeiras são estabelecidas na Índia como sociedades de responsabilidade limitada. Cópia do cartão PAN dos diretores/acionistas e cópia do passaporte dos subscritores NRI.

Capital necessário para criar uma empresa

Uma empresa pode ser criada na Índia com um montante mínimo de capital. Não existe um montante fixo e os acionistas da empresa a constituir podem determinar o capital com que pretendem contribuir. Ao definir a estrutura de capital da empresa, são apresentados a seguir alguns dos conceitos a ter em conta:

a. **Valor facial da ação:** O valor nominal de uma ação é o preço por ação com que a empresa é constituída. Normalmente, o valor nominal da ação é de 1 rupia ou 10 rupias ou 100 rupias ou 1000 rupias ou 10 000 rupias.

b. **Capital autorizado:** O capital autorizado é o valor total das acções que uma empresa pode emitir para os acionistas. Normalmente, todas as empresas são constituídas com um capital autorizado de Rs. 1 lakh ou Rs. 10 lakhs. Se for necessário um capital autorizado mais elevado, a empresa terá de pagar taxas adicionais ao Ministério dos Assuntos Empresariais. O capital autorizado de uma empresa pode ser aumentado em qualquer altura após a constituição.

c. **Capital realizado:** O capital realizado de uma empresa é o número de acções emitidas aos acionistas pelas quais estes pagaram ou depositaram dinheiro na empresa. O capital realizado de uma empresa não pode ser superior ao capital social autorizado da empresa.

d. **Empresa privada limitadaCumprimentos**

Depois de uma empresa ser registada na Índia, devem ser mantidas periodicamente várias conformidades para evitar sanções e acções judiciais. Seguem-se algumas das conformidades que uma empresa deve cumprir após o registo da empresa:

e. **Nomeação de auditor:** Todas as empresas registadas na Índia devem nomear um revisor oficial de contas licenciado e em exercício registado no ICAI no prazo de 30 dias após a constituição.

f. **Diretor DIN KYC:** Todas as pessoas que possuem um Número de Identificação de Diretor (DIN) - que é atribuído durante o processo de incorporação - devem preencher o DIN KYC todos os anos para validar o telefone e o endereço de correio eletrónico registados no Ministério dos Assuntos Empresariais.

g. **Início da atividade:** No prazo de 180 dias após a constituição, a empresa deve abrir uma conta bancária à ordem e os acionistas devem depositar o montante da subscrição mencionado no MOA da empresa. Por conseguinte, se a empresa for constituída com um capital realizado de 1 lakh, os acionistas devem depositar 1 lakh na conta bancária da empresa e apresentar o extrato bancário à MCA para obter um certificado de início de atividade.

h. **Registos anuais do MCA:** Todas as empresas registadas na Índia devem apresentar uma cópia das demonstrações financeiras ao Ministério dos Assuntos Empresariais em cada ano fiscal. Se uma empresa for constituída entre janeiro e março, pode optar por apresentar a primeira declaração anual da MCA como parte da declaração anual do exercício seguinte. A declaração anual da MCA é constituída pelo formulário MGT-7 e pelo formulário AOC-4. Ambos os formulários devem ser assinados digitalmente pelos diretores e por um profissional em exercício.

i. **Declaração de imposto sobre o rendimento:** Todas as empresas devem apresentar uma declaração de imposto sobre o rendimento utilizando o formulário ITR-6 em cada ano fiscal. A declaração de imposto sobre o rendimento deve ser efectuada para cada exercício financeiro antes da data de vencimento, independentemente da data de constituição da sociedade. A declaração de imposto sobre o rendimento de uma empresa deve ser assinada digitalmente utilizando a assinatura digital de um dos diretores.

Sede social da empresa

Todas as empresas registadas na Índia são obrigadas a manter uma sede social na Índia. A sede social deve ter um quadro com o nome da empresa e deve ser um local onde possa ser feita uma notificação ou comunicação, se for caso disso. Por conseguinte, a sede social de uma empresa não pode ser um terreno baldio ou um local em construção.

Após a constituição, a sede social de uma empresa pode ser alterada, se necessário. No caso de a sede social ser alterada na mesma cidade ou na mesma Conservatória do Registo Comercial, o processo pode ser concluído facilmente. Se a sede social de uma empresa for alterada de um Estado para outro, o processo será mais longo e mais complicado.

Registo GST após o registo da empresa

Não é obrigatório que uma empresa se registe no GST, a menos que sejam ultrapassados determinados limites de volume de negócios.

Conta bancária para sociedade anónima

Após o registo da empresa, deve ser aberta uma conta corrente bancária em nome da empresa no prazo de 180 dias e o montante da subscrição deve ser depositado. Se as etapas anteriores não forem cumpridas, o certificado de início de atividade não será emitido e será aplicada uma sanção.

Os documentos necessários para abrir uma conta bancária para uma sociedade anónima são os seguintes

a. Certificado de constituição da sociedade

b. Documentos KYC dos diretores

c. Resolução do Conselho de Administração que autoriza os diretores a abrir uma conta bancária

d. Comprovativo de endereço da empresa

Vantagens da sociedade anónima

Seguem-se as principais vantagens da constituição de uma sociedade por quotas na Índia em relação a outros tipos de entidades.

a. **Entidade jurídica separada**

Uma empresa é simultaneamente uma entidade jurídica e uma pessoa colectiva. Por conseguinte, uma empresa tem amplos direitos legais, como o de adquirir bens, contrair dívidas, contratar pessoas, etc. Uma vez que uma empresa é uma entidade jurídica distinta, os seus membros (acionistas ou administradores) não são pessoalmente responsáveis pela responsabilidade da empresa.

b. **Responsabilidade limitada**

Uma sociedade de responsabilidade limitada é uma entidade jurídica distinta com disposições de responsabilidade limitada. Por conseguinte, os acionistas não são responsáveis pelas perdas da empresa - por um montante superior ao que investiram na empresa como capital social.

c. **Existência ininterrupta**

Uma empresa tem "sucessão perpétua", o que significa que continuará a existir até ser legalmente dissolvida. Uma vez que uma empresa é uma entidade jurídica separada, não é afetada pela morte ou outra saída de qualquer um dos seus membros e continua a existir independentemente das mudanças de membros.

d. **Angariação de fundos**

Uma sociedade anónima dispõe de múltiplas opções para a angariação de fundos. Uma sociedade pode angariar fundos junto de acionistas, investidores, "anjos", fundos de capital de risco, fundos de capitais não abertos à subscrição pública, fundos estrangeiros, NBFC, bancos e outras instituições financeiras. Só uma sociedade pode obter fundos de dívida e de capital próprio junto dos investidores.

Desvantagens da sociedade anónima

Embora uma empresa tenha várias vantagens, o registo de uma empresa pode não ser ideal para todos os empresários pelas seguintes razões

Conformidades

Uma empresa tem de manter obrigatoriamente várias conformidades, independentemente do volume de negócios ou da atividade. Por conseguinte, o funcionamento de uma empresa implica um custo mínimo recorrente todos os anos.

Comparação dos tipos de empresas do sector das sementes

Caraterísticas	Propriedade	Parceria	LLP	Empresa
Definição	Tipo de entidade empresarial não registada gerida por uma única pessoa	Um acordo formal entre duas ou mais partes para gerir e operar uma empresa	Uma sociedade de responsabilidade limitada é uma combinação híbrida com caraterísticas semelhantes às de uma sociedade de pessoas e responsabilidades semelhantes às de uma empresa.	Tipo de entidade registada com responsabilidade limitada aos proprietários e acionistas
Propriedade	• Propriedade exclusiva	• Mínimo 2 parceiros • Máximo de 50 parceiros	• Parceiros designados	• Mínimo 2 diretores • Mínimo 2 acionistas • Máximo de 15 diretores • Máximo de 200 acionistas **Para** uma empresa unipessoal • 1 Diretor • 1 Diretor nomeado
Hora do registo	7-9 dias úteis			
Responsabilidade	Responsabilidade ilimitada		Responsabilidade limitada	

Caraterísticas do promotor	Propriedade	Parceria	LLP	Empresa
Documentação	• MP ME • Registo GST	• Escritura de parceria	• Escritura de LLP • Certificado de incorporação	• MOA • AOA • Certificado de incorporação
Governação	-	Ao abrigo da Lei das Parcerias	Lei LLP, 2008	Ao abrigo da Lei das Sociedades, 2013
Transferibilidade	Não transferível	Transferível se registado no ROF	Transferível	
Requisitos de conformidade	• Apresentação do imposto sobre o rendimento se o volume de negócios for superior a Rs.2.5 lakhs	• ITR 5	• Formulário 11 • Formulário 8 • ITR 5	• ITR 6 • Apresentação da MCA • Nomeação do auditor

Capítulo-26

EMPRESAS MULTINACIONAIS DE SEMENTES NA ÍNDIA

As empresas multinacionais de sementes que operam na Índia desenvolvem uma série de actividades comerciais para apoiar e melhorar o sector agrícola. Eis os principais aspectos das suas actividades comerciais:

1. Investigação e desenvolvimento (I&D)

- **Foco**: Desenvolvimento de novas variedades de sementes com caraterísticas melhoradas, tais como rendimentos mais elevados, resistência a doenças, resistência a pragas e tolerância a tensões ambientais (seca, salinidade, etc.).
- **Inovação**: Técnicas de modificação genética e de hibridação para criar sementes que respondam a necessidades agrícolas específicas e a condições regionais.

2. Produção de sementes

- **Sementes híbridas**: Produção de sementes híbridas para várias culturas, incluindo cereais (milho, arroz), sementes oleaginosas (girassol, canola), produtos hortícolas (tomate, pepino, pimento) e algodão.
- **Sementes geneticamente modificadas**: Desenvolvimento e distribuição de sementes geneticamente modificadas, como o algodão Bt, concebidas para melhorar a produtividade e reduzir a dependência de pesticidas químicos.

3. Distribuição e comercialização

- **Cadeia de abastecimento**: Estabelecer uma extensa rede de cadeia de abastecimento para garantir que as sementes chegam aos agricultores em diferentes partes do país.
- **Estratégias de marketing**: Implementação de campanhas de marketing para educar os agricultores sobre os benefícios da utilização de variedades avançadas de sementes e de práticas agrícolas corretas.

4. Serviços de extensão

- **Formação de agricultores**: Realização de programas de formação e workshops para educar os agricultores sobre as melhores práticas na seleção de sementes, sementeira, irrigação, fertilização e gestão de pragas.
- **Demonstrações no terreno**: Criação de parcelas de demonstração para mostrar o desempenho de novas variedades de sementes em condições agrícolas locais.

5. Parcerias e colaborações

- **Parcerias governamentais**: Colaboração com agências governamentais e universidades agrícolas em projectos de investigação, ensaios e actividades de extensão.
- **Empresas locais**: Estabelecer parcerias com empresas e distribuidores locais de sementes para aumentar o alcance e garantir a disponibilidade de sementes em várias regiões.

6. Iniciativas de sustentabilidade

- **Impacto ambiental**: Desenvolver sementes que exijam menos factores de produção, como água, fertilizantes e pesticidas, promovendo assim uma agricultura sustentável.
- **Resiliência climática**: Centrar-se na criação de culturas resistentes às alterações climáticas e capazes de resistir a condições climatéricas extremas.

7. Expansão do mercado

- **Expansão geográfica**: Expandir a presença no mercado através da introdução de variedades de sementes adaptadas a diferentes zonas agro-climáticas em toda a Índia.
- **Diversificação de culturas**: Diversificar a carteira para incluir sementes para uma vasta gama de culturas para além das tradicionais, tais como legumes, frutas e plantas ornamentais.

Algumas das principais empresas multinacionais de sementes que operam na Índia incluem:

1. **Monsanto (Bayer CropScience)**

   o **Visão geral**: A Monsanto, agora parte da Bayer CropScience após a fusão, é um líder mundial em biotecnologia agrícola.

   o **Produtos**: Sementes híbridas para culturas como o algodão, o milho, os legumes e as oleaginosas.

   o **Principais temas**: Sementes geneticamente modificadas, especialmente o algodão Bt.

2. **Syngenta**

   o **Visão geral**: Um agronegócio líder global que fornece uma variedade de sementes e produtos de proteção de culturas.

   o **Produtos**: Sementes para culturas como o milho, o arroz, o girassol e os produtos hortícolas.

   o **Foco principal**: Inovações baseadas na investigação para uma maior produtividade e sustentabilidade.

3. **DuPont Pioneer (Corteva Agriscience)**

   o **Visão geral**: A atividade de sementes da DuPont Pioneer faz agora parte da Corteva Agriscience, que se centra na agricultura.

   o **Produtos**: Sementes híbridas para culturas como o milho, o girassol, o painço e o sorgo.

   o **Foco principal**: Desenvolvimento de sementes com caraterísticas melhoradas, como a tolerância à seca e a resistência a pragas.

4. **Advanta (UPL Limited)**

   o **Visão geral**: A Advanta faz parte da UPL Limited e é especializada na produção de sementes de alta qualidade.

   o **Produtos**: Sementes para culturas como milho, arroz, girassol, legumes e leguminosas.

   o **Foco principal**: Agricultura sustentável e programas de melhoramento para diversas condições agro-climáticas.

5. **Nunhems (BASF)**

   o **Visão geral**: A Nunhems, uma subsidiária da BASF, é líder mundial na produção de sementes de hortaliças.

   o **Produtos**: Uma vasta gama de sementes de legumes, como tomates, pepinos, cebolas e melões.

o **Foco principal**: Técnicas avançadas de reprodução e variedades de sementes híbridas.

6. **Sakata Seed Corporation**

o **Descrição geral**: Uma empresa japonesa com uma forte presença no mercado indiano de sementes.

o **Produtos**: Sementes para hortícolas, flores e plantas ornamentais.

o **Foco principal**: Sementes de alta qualidade com foco na inovação e sustentabilidade.

7. **Rijk Zwaan**

o **Descrição geral**: Uma empresa neerlandesa conhecida pela sua produção de sementes de produtos hortícolas.

o **Produtos**: Sementes de vários produtos hortícolas, incluindo alface, tomate, pepino e pimento.

o **Âmbito principal**: Programas de melhoramento genético destinados a melhorar o rendimento e a resistência das culturas.

Estas empresas contribuem significativamente para o sector agrícola na Índia, introduzindo variedades avançadas de sementes, aumentando a produtividade e apoiando a comunidade agrícola com soluções inovadoras.

Capítulo-27

EMPRESAS NACIONAIS DE SEMENTES NA ÍNDIA

A Índia tem uma indústria de sementes vibrante com numerosas empresas nacionais de sementes que desempenham um papel crucial na agricultura, fornecendo sementes de alta qualidade aos agricultores. Eis algumas das empresas nacionais de sementes mais importantes da Índia:

1. **National Seeds Corporation Limited (NSC)**
   - o Uma empresa estatal que produz e comercializa sementes certificadas.
   - o Fundada em 1963, a NSC é um dos mais antigos e mais importantes intervenientes no sector das sementes na Índia.
   - o Sítio Web: nsc.gov.in

2. **Sementes de Nuziveedu**
   - o Uma das maiores empresas de sementes da Índia, conhecida pela sua investigação e desenvolvimento de sementes híbridas.
   - o Oferece uma vasta gama de sementes, incluindo algodão, milho, arroz e legumes.
   - o Sítio Web: nuziveeduseeds.com

3. **Empresa de sementes Kaveri**
   - o Uma empresa agrícola líder que se concentra em sementes híbridas para várias culturas, como o algodão, o milho e o arroz.
   - o Conhecida pela sua vasta investigação e inovação no sector das sementes.
   - o Sítio Web: kaveriseeds.in

4. **JK Agri Genetics Ltd.**
   - o Pertencente à Organização JK, a empresa é especializada em sementes híbridas para cereais, fibras, forragens e legumes.
   - o Centra-se no desenvolvimento de sementes de elevado rendimento e resistentes a doenças.
   - o Sítio Web: jkagri.com

5. **Mahyco (Maharashtra Hybrid Seeds Company Limited)**

- o Pioneira no sector das sementes, conhecida pela sua investigação em culturas geneticamente modificadas.
- o Oferece uma vasta gama de sementes híbridas e de polinização aberta.
- o Sítio Web: mahyco.com

6. **Sementes Advanta**
   - o Uma filial da UPL Limited, centrada no desenvolvimento de sementes de alta qualidade para culturas como o milho, o arroz, o girassol e os legumes.
   - o Conhecida pela sua presença global e tecnologias de sementes inovadoras.
   - o Sítio Web: advantaseeds.com

7. **Sementes Rasi**
   - o Especializada em sementes híbridas de algodão, milho, painço e legumes.
   - o Conhecida pelas suas fortes capacidades de investigação e desenvolvimento.
   - o Sítio Web: rasiseeds.com

8. **Sementes de Ankur**
   - o Oferece uma vasta gama de sementes, incluindo algodão, milho, arroz e legumes.
   - o Centra-se na qualidade e na inovação no desenvolvimento de sementes.
   - o Sítio Web: ankurseeds.com

9. **Bejo Sheetal**
   - o Uma empresa comum entre a Bejo Zaden (Países Baixos) e a Sheetal Seeds (Índia), centrada nas sementes de produtos hortícolas.
   - o Conhecida pelas suas sementes hortícolas híbridas de alta qualidade.
   - o Sítio Web: bejosheetal.com

10. **Sementes de Namdhari**
    - o Especializada em sementes de produtos hortícolas, tem uma presença significativa nos mercados nacional e internacional.
    - o Conhecida pela sua qualidade e gama diversificada de sementes.
    - o Sítio Web: namdhariseeds.com

Estas empresas são essenciais para o crescimento e desenvolvimento do sector agrícola na Índia, fornecendo aos agricultores sementes de alta qualidade que contribuem para o aumento da produtividade e da sustentabilidade.

Referências

Departamento da Agricultura, Cooperação e Bem-Estar dos Agricultores: Sítio Web do Departamento

Direção-Geral do Comércio Externo (DGFT): Sítio Web da DGFT

A previsão do analista da Goldstein Research (2017-2022) é que o mercado indiano de sementes híbridas

Como é que os agricultores de Telangana beneficiarão do facto de o Estado se tornar a "Seed Bowl of the World" (dailyo.in) https://www.thehindubusinessline.com/opinion/india-can-become-a-hub-for-seed-exports/article32174869.ece

Associação Internacional de Ensaios de Sementes (ISTA): Sítio Web da ISTA

Dados ISF-https://www.worldseed.org/wp-content/uploads/2020/10/Export_2018.pdf Relatórios ModorIntellingence (2021) sobre o negócio global de sementes.

Mumby, G., 1994, Seed Marketing, Organização das Nações Unidas para a Alimentação e a Agricultura, Roma, Itália. Premjit Sharma, 2008, Marketing of seeds, Gene tech Books, Nova Deli

NABARD, 2015. Farmer Producer Organisations - Frequently Asked Questions (FAQs) (Organizações de Produtores Agricultores - Perguntas Frequentes). Publicado pelo Farm Setor Policy Department & Farm Setor Development Department, NABARD Head Office, Mumbai

Associação Nacional de Sementes da Índia (NSAI): Sítio Web da NSAI

Relatório da Associação Nacional de Sementes da Índia (NSAI) sobre o comércio mundial de sementes (2020)

OCDE (2020), Concentration in Seed Markets: Potential Effects and Policy Responses, OECD Publishing, Paris, https://doi.org/10.1787/9789264308367-en.

Relatórios Phillip Capital (2019) sobre factores de produção agrícola

Portal SeedNet sobre a taxa de substituição de sementes

25.º relatório do Comité Permanente da Agricultura sobre os pedidos de subvenções (2021-22)

Yadava D.K., ChoudhuryP.R, Hossain F e Kumar D(2017). Variedades biofortificadas: Sustainable Way to Alleviate Malnutrition. Conselho Indiano de Investigação Agrícola, Nova Deli.

Printed by Books on Demand GmbH, Norderstedt / Germany